重庆市人文社科重点研究基地"重庆市统筹城乡教师

教育研究中心"资助出版（JDZZ2017006）

农村留守儿童
积极心理品质及教育问题的
探索性研究

NONGCUN LIUSHOU ERTONG JIJI XINLI PINZHI JI
JIAOYU WENTI DE TANSUOXING YANJIU

陈 丽◎著

人民出版社

目　录

序……………………………………………………………………… 1

第一章　农村留守儿童积极心理品质研究概述…………………… 1

　　第一节　农村留守儿童研究现状…………………………… 1

　　第二节　积极心理学研究概述……………………………… 6

　　第三节　农村留守儿童积极心理品质的研究现状………… 28

第二章　幸福感积极心理品质的探索性研究…………………… 36

　　第一节　幸福感研究综述…………………………………… 36

　　第二节　农村留守儿童主观幸福感的探索性研究………… 48

　　第三节　研究发现及反思…………………………………… 55

第三章　自尊积极心理品质的探索性研究……………………… 61

　　第一节　自尊研究综述……………………………………… 61

　　第二节　农村留守儿童自尊的探索性研究………………… 74

　　第三节　研究发现及反思…………………………………… 83

第四章　希望感积极心理品质的探索性研究⋯⋯⋯⋯⋯⋯ 87

　　第一节　希望感研究综述⋯⋯⋯⋯⋯⋯⋯⋯⋯⋯⋯⋯⋯ 87

　　第二节　农村留守儿童希望感的探索性研究⋯⋯⋯⋯⋯ 103

　　第三节　研究发现及反思⋯⋯⋯⋯⋯⋯⋯⋯⋯⋯⋯⋯⋯ 110

第五章　感恩积极心理品质的探索性研究⋯⋯⋯⋯⋯⋯⋯ 117

　　第一节　感恩研究综述⋯⋯⋯⋯⋯⋯⋯⋯⋯⋯⋯⋯⋯⋯ 117

　　第二节　农村留守儿童感恩的探索性研究⋯⋯⋯⋯⋯⋯ 134

　　第三节　研究发现及反思⋯⋯⋯⋯⋯⋯⋯⋯⋯⋯⋯⋯⋯ 141

第六章　农村留守儿童积极心理品质的提升途径探索⋯⋯ 145

　　第一节　改善课余活动缺失，提升积极心理品质⋯⋯⋯ 145

　　第二节　改善学校适应性缺失，提升积极心理品质⋯⋯ 158

　　第三节　改善人身安全现状，提升积极心理品质⋯⋯⋯ 169

附　　录⋯⋯⋯⋯⋯⋯⋯⋯⋯⋯⋯⋯⋯⋯⋯⋯⋯⋯⋯⋯⋯ 179

参考文献⋯⋯⋯⋯⋯⋯⋯⋯⋯⋯⋯⋯⋯⋯⋯⋯⋯⋯⋯⋯⋯ 204

后　　记⋯⋯⋯⋯⋯⋯⋯⋯⋯⋯⋯⋯⋯⋯⋯⋯⋯⋯⋯⋯⋯ 221

序

　　随着中国社会经济的持续稳定发展，农村留守儿童的问题已经成为我国城市化进程中出现的"中国特色"问题。据中国 2010 年第六次人口普查结果，全国有农村留守儿童 6102.55 万，占农村儿童的 37.7%，占全国儿童的 21.88%。2012 年，来自最高人民法院研究室的数据显示，留守儿童犯罪率约占未成年人犯罪率的 70%，而且有逐年上升的趋势。另据 2018 年的数据，已有超过 30% 的农村留守儿童存在自杀倾向。

　　作为一种特殊的弱势群体，农村留守儿童的心理健康问题已经成为影响社会和谐发展及稳定的风险因素之一。近年来，以习近平同志为核心的党中央高度重视我国的卫生与健康问题，不仅关注全民身体健康，而且重视心理健康。2016 年 8 月 26 日，中共中央政治局召开会议，审议通过"健康中国 2030"规划。习近平总书记主持会议并发表重要讲话。习主席强调，只有把人民健康放在优先发展战略地位，加快推进健康中国建设，才能为实现"两个一百年"奋斗目标、实现中华民族伟大复兴的中国梦打下坚实健康基础。在此大背景下，农村留守儿童心理健康问题的重要性，是不言而喻的。

　　建设农村留守儿童的健康心理，仅仅依靠对其病态心理的矫治是远远不够的。而积极心理学倡导研究人们正面的、积极的心理品质，倡导研究促进个体产生积极状态的各种心理因素；它关注的是日常的激励和友爱，人类的生存与发展，强调人的价值。该理论指出，心理健康绝不仅仅是心理问题、痛苦和疾病的消除。因此，我们除开需要去了解导致农村留守儿童不幸福的因素之外，还需要更多地去了解促进其幸福的因素，比如，促进其积极心理品质的发展。积极心理品质是人类文明和人类传统美德积淀在人内心深处，并与时俱进、体现时代精神和核心价值观的一系列心理特质及其总和。培养农村留守儿童的积极心理品质，势必能大幅提升其心理健康水平。

本书以积极心理学理论为基础，运用问卷调查、观察、访谈等研究方法，收集到大量的翔实数据，结合定性与定量分析方法，对当前农村留守儿童几种重要的积极心理品质展开了探索性的研究，并在研究发现的基础上提出了积极心理品质的提升对策。本书集理论与实证研究于一体，对于农村留守儿童的健康成长和社会主义新农村的建设而言，均具备一定的理论意义和现实意义。

是为序。

陈丽

2021 年 1 月于重庆北碚

第一章　农村留守儿童积极心理品质研究概述

第一节　农村留守儿童研究现状

一、农村留守儿童的概念界定与数量规模

（一）农村留守儿童概念界定

留守儿童的出现是由于父母与未成年子女在人口流动中的亲子分离而形成的，"一些大规模的人口流动都会产生留守儿童的问题"①。

在学术界，"留守儿童"一词的定义一直备受争议。首先在字面意思上，曾经的研究报道中就出现过"留守子女""留守学生""留守孩子"等称呼。其次在所包含的人群上学术界也一直有所争议，例如以"父母双方都外出打工的子女为留守儿童"②，还有的学者认为是"父母双方或一方外出打工"，目前这一划分已有部分学者达成共识，认为是"父母双方或一方外出打工"。最后争议最大的是在留守儿童年龄上的不同，在以往的研究中，对留守儿童年龄的界定包括 16 岁以下、6—14 岁、6—18 岁、0—

---

① 潘璐、叶敬忠：《农村留守儿童研究综述》，《中国农业大学学报》2009 年第 2 期。
② 陈荣双：《留守儿童心理健康研究述评》，《才智》2010 年第 3 期。

14 岁、18 岁以下等多种不同的分类。①

因为不同的学者对留守儿童的定义不同，所以关于留守儿童的概念界定也就不同，这就导致了关于留守儿童这个人群的研究数据有所不同。直至 2016 年中华人民共和国国务院公报发布了《国务院关于加强农村留守儿童关爱保护工作的意见》，才正式确定了留守儿童的官方定义，即"留守儿童是指父母双方外出务工或一方外出务工另一方无监护能力的不满十六周岁的未成年人"②。

由此我们可总结出关于农村留守儿童的概念界定：父母双方外出务工或一方外出务工另一方无监护能力、不满 16 周岁居住在农村的未成年人。

（二）农村留守儿童的数量规模

根据不同的概念界定，得出的关于农村留守儿童数量规模的数据也不同，除了关于农村留守儿童的概念界定的分歧外，根据时间顺序排列，一些比较权威的调研报告中有以下数据：

1. 段成荣、周福林根据 2000 年第五次全国人口普查抽样数据为依据测算，2000 年农村留守儿童数量为 1981.24 万 ③。

2. 中国妇联根据 2005 年全国 1% 人口抽样调查的抽样数据确定全国农村留守儿童约 5800 万人，其中 14 周岁以下的农村留守儿童约 4000 多万。在全部农村儿童中，留守儿童的比例达 28.29% ④，平均 10 个农村儿童中就有超过 2 个是留守儿童。

3. 中国妇联 2013 年发布的《全国农村留守儿童 城乡流动儿童状

---

① 万增奎：《农村留守儿童的精神诉求和社会心理支持研究》，人民出版社 2014 年版，第 2 页。

② 《国务院关于加强农村留守儿童关爱保护工作的意见》，《中华人民共和国国务院公报》2016 年第 6 期。

③ 段成荣、周福林：《我国留守儿童状况研究》，《人口研究》2005 年第 1 期。

④ 《全国农村留守儿童状况研究报告》，《中国妇运》2008 年第 6 期。

况研究报告》中表示全国农村留守儿童数量已超过 6000 万。根据《中国 2010 年第六次人口普查资料》样本数据推算，全国有农村留守儿童6102.55 万，占农村儿童中 37.7%，占全国儿童 21.88%。与 2005 年全国1% 抽样调查数据相比，五年间全国农村留守儿童增加了约 242 万 [①]。

由上述三点数据可知，近 15 年来中国农村留守儿童的数量依旧在增长，同时农村留守儿童的比例也在增加，对比 2005 年的数据，2010 年农村留守儿童比例增加了接近 10%。众所周知，儿童是祖国的未来，农村留守儿童也不例外，所以我们更应该去关注留守儿童的问题，不仅仅只是关注他们的教育问题，更要关注他们的积极心理品质的培养。

二、农村留守儿童的由来

1982 年，家庭联产承包责任制确立后，农民获得土地生产经营自主权，生产积极性高涨，生产效率显著提高，依靠有限的耕地已难以满足农民致富的心愿，于是农民开始从农村走向城市。20 世纪 70 年代末中国实行改革开放以来，我国社会进入了快速发展的转型时期，社会经济的发展必然促进人口的流动。农村劳动力大量流动到城市，形成了中国特有的"民工潮"现象。随着城市化进程的加快，农村劳动力不断向城市转移，农村出现了一个数量庞大的特殊群体——农村留守儿童。

改革开放后，农村人口向城市流动的情况显著增加。根据国家卫生部公布的关于我国流动人口调研报告中提到，"2015 年，我国流动人口数量达 2.47 亿(占总人口的 18%)，相当于 6 个人中有超过 1 个人是流动人口"。[②]

---

① 全国妇联课题组：《全国农村留守儿童 城乡流动儿童状况研究报告》，《中国妇运》2013 年第 6 期。

② 国家卫生和计划生育委员会流动人口司：《中国流动人口发展报告 2016》，中国人口出版社 2016 年版。

虽有官方数据显示我国在 2016 年的时候流动人口规模在 2.45 亿人，比 2015 年减少了 171 万人，但流动人口规模仍然庞大。

父母外出务工儿童被留在农村生活，这样的情况就限制了留守儿童与父母之间的见面频率以及联系频率，根据《中国留守儿童心灵状况白皮书 (2015)》中的数据显示 [1]：

1. 大概有 11.1% 的留守儿童每月能与父母见面 3—4 次；有 32.7% 的留守儿童一年能见到父母的次数有五次以上；有 11.7% 的留守儿童一年能见到父母的次数为 3—4 次；有 29.4% 的留守儿童一年能见到父母的次数只有 1—2 次；甚至有 15.1% 的留守儿童已经有一年以上的时间没有见到过自己的父母了。

2. 有 23.9% 的留守儿童能够天天和父母联系；有 28.6% 的留守儿童一周能够与父母联系 2—4 次；19.3% 的留守儿童每月与父母联系 3—4 次；10.4% 的留守儿童每年只与父母联系 3—4 次；甚至有 10.2% 的留守儿童每年只与父母联系 1—2 次；4.3% 的留守儿童居然一年内和父母之间没有任何联系。

农村留守儿童在自己本应该享受父母关爱的时期却不能与父母经常见面以及联系，从而导致了他们的心理发展等受到了一定的影响。因此，在当前的大背景下，农村留守儿童积极心理品质的培养及其相关教育问题的探索性研究，就具有了不可替代的意义。

三、研究意义及价值

（一）农村留守儿童问题关系重大

少年儿童是国家的未来和希望，而我国的农村留守儿童数量多、分布

---

[1] 《一张表看清〈中国留守儿童心灵状况白皮书 (2015)〉》，《中国民政》2015 年第 14 期。

广，是我国青少年儿童中最需要关注的一个群体。并且，农村留守儿童的身心发展状况不止关系到他们个人的人生轨迹，更联结着无数个农村家庭的命运，影响着无数所农村中小学的兴衰。对农村留守儿童问题进行探索和研究，能在了解问题的基础上提出相应的对策，帮助农村留守儿童走出困境健康成长，这从微观上可以促进留守儿童个人的发展，从宏观上则有助于推动未来数十年我国农村面貌的改变。对我国未来人口素质的普遍提高、城乡一体化的协调发展都有着不可估量的巨大意义。

（二）有助于全面认识农村留守儿童问题

通过检索查阅相关的文献资料我们发现，针对农村留守儿童问题进行研究的文献资料大多数都是只从某一个角度展开论述的，迄今为止鲜有综合性地、较为全面地整理分析农村留守儿童问题研究现状的文献资料。所以本书整合了农村留守儿童心理问题、教育问题、道德与法治问题三个方面的研究现状及成果，比较全面地对农村留守儿童的问题进行了初步的分析，力争可以在一定程度上弥补目前留守儿童问题研究的不足，为农村留守儿童问题研究的后来者提供较为全面的资料和参考，具有较大的理论意义。以往我们面对农村留守儿童问题时，常常强调要给留守儿童更多的关心和爱护，这样的观点并没有错，却在不知不觉中窄化了农村留守儿童问题的范围，仿佛留守儿童缺乏的只是父母情感上的关爱。通过对留守儿童问题的综合分析，我们了解到留守儿童问题是由深刻的社会历史文化背景引起的一系列错综复杂的问题，绝不是仅仅依靠情感上的关爱就能解决的。有了对农村留守儿童问题的新认识，我们就能拓宽农村留守儿童研究的范围，为农村留守儿童问题的解决提供更多可能的方案。

（三）有助于改善农村留守儿童生存现状

本书整合了国内外对农村留守儿童问题的研究成果，有利于社会各界、各组织机构了解、关心留守儿童的生存现状并整合资源进行资助,有助于留守儿童现状的改善,具有一定的现实意义。首先,研究农村留守儿童问题能引起社会各界人士或组织机构对农村留守儿童问题的关注,有助于各级政府、相关教育部门对农村留守儿童成长中面对的各种问题形成一个更全面更深刻的认识,促进政府加大资助农村留守儿童的力度、坚定改善留守儿童生存现状的决心,充分发挥政府职能,解决留守儿童问题。其次,对留守儿童问题的研究有利于学校、一线教师加深对留守儿童群体所面临的问题的了解,帮助教育工作者更有方向性地实施教育手段,更好地落实学校教育在留守儿童健康成长中所应该起到的主体作用。另外,对农村留守儿童问题的研究有利于转变广大进城务工人员即留守儿童家长的教育观念,引起家长对留守儿童心理、教育、道德与法治方面问题的重视。本章节通过对留守儿童问题较为全面的分析,旨在努力帮助人们认识到留守儿童面临的问题,帮助更多的父母深刻清醒地意识到自己作为孩子成长的第一责任人所应该担负的责任,改善留守儿童的生存现状。最后,对留守儿童问题的研究有利于留守儿童了解自身的处境和存在的问题,帮助他们在心理发展的关键期建立起清醒的自我认识。帮助他们以更加平和客观的态度看待自身处境,学会及时疏导自我不良情绪,在了解自身存在的问题的前提下努力克服成长环境中的不利因素,从而健康成长。

第二节　积极心理学研究概述

美国哈佛大学教授泰·本·沙哈尔主讲的热门课程《幸福课》被录制为网络公开课,并引起学习热潮,网易视频将其引入中国并迅速获得良好口碑。通过这类关注"幸福美好"的现象我们可以看出:幸福、快乐、美好是我们追寻并且强调的要素。并且,"如何让一个人幸福?""如何能够拥有更有意义的生活?"等问题成了国家和个人都关注的话题。面对这些问题，1998 年被正式定义的积极心理学或可提供一些参考。

一、定义及简介

积极心理学是一种以探索"什么因素能够使生活更加有价值"为目的的科学研究，它关注那些积极的人格特质或心理因素，并认为这些因素与那些生活中的消极因素（或挫折）一样，都是真实存在并应当受到重视的研究对象。美国心理学家马丁·塞利格曼教授指出，积极心理学是对于积极人类特质的科学研究，而这项研究包含多个层次，如生理、人格、关系、制度、文化和全球多样性等。

作为心理学的一类分支，积极心理学与心理学一样，是一项科学研究，这类科学研究以实证主义和逻辑实证主义为基础，相信经验实证是人类了解现实世界普遍规律的最重要途径，需要数据、证据等来支撑其理论和观点。在第二次世界大战后，经过长期的发展，心理学建立起了疾病模型（Disease Model），用来对心理疾病、情绪问题进行解释和治疗、预防等，其中尤以精神分析心理学和行为主义心理学为主要代表。曾有学者做过统计，心理科学中消极心理研究的论文数量与研究积极心理状态的论文数量之比高达 17∶1。①

2004 年，塞利格曼教授在其 TED 演讲《什么是积极心理学（积极心理学的新纪元）》中总结了心理学的发展带来了治疗甚至治愈失调，了解抑郁、酗酒等模糊概念并相应地形成药物或精神疗法，形成了以实验、纵向研究等实证主义的研究范式为主要范式的疾病模型，并取得了较高的成就；同时他也指出，以往心理学发展出来的疾病模型面临着（1）道德上

---

① 周涛:《美国积极心理学的基本特征》,《湖南师范大学教育科学学报》2008 年第 6 期。

把人们看作病人，（2）忘记以提高人们的生活质量为目标，（3）片面地防御、治疗病人，这三大缺点。①

而与这种传统的模式相区别的积极心理学，以生活中的积极体验为主要的研究对象，除了探索是什么因素或特质使得人们在生活中除了遭遇挫折以外，也研究那些使人们获得成功、幸福和快乐的因素。这种区别用帕维斯基教授（James Pawelski）的解释来表达将更为清晰：将社会向善论分为两个维度，即强调减少不想要的事物的缓和型社会向善论（Mitigative Meliorism）和得到更多我们想要的建构型社会向善论（Constructive Meliorism），并指出积极心理学与建构型社会向善论类似，传统心理学则与缓和型社会向善论类似。②

塞利格曼将积极心理学所具有的特征总结为三个部分："（1）不仅关注人的弱点，还要关注人的优势；（2）不仅要致力于修复损伤，也致力于给人力量；（3）在关注病人的同时，努力让正常人或'天才'的生活更加美好"③。其中第一条同等关注弱点与优势也是彼得森教授反复强调的特点。

很多人把积极心理学看作一个关于"幸福"的科学，关于"快乐"的科学，而实际情况也很类似：所有的积极心理学家都关注"美好的生活"这一核心问题④。但这一核心问题中不仅仅包括幸福和快乐，总的来说，积极心理学关注所有关于"积极"的特质和促进幸福生活的因素。为了

_____

① Martin Seligman, "The new era of positive psychology", TED, https://www.ted.com/talks/martin_seligman_on_the_state_of_psychology.

② 《积极心理学》，网易公开课，https://open.163.com/movie/2015/5/F/E/MAOLIFV6H_MAOLN1JFE.html。

③ Martin Seligman, "The new era of positive psychology", TED, https://www.ted.com/talks/martin_seligman_on_the_state_of_psychology.

④ [美] 克里斯托弗·彼得森：《打开积极心理学之门》，侯玉波等译，机械工业出版社2016年版，第38页。

对这些特质和社会因素进行科学研究，学者们从无数人格特质中挑选出24 项作为特质指标，而选择这些特质的标准包括：（1）必须具有跨文化价值；（2）必须本身就有价值，而不是为了达到其他目的的手段；（3）必须是可以培育的。① 这些特质在主观体验层面包括：幸福感、满足感、欢乐感、感官愉悦和满足感等；在认知层面包括乐观、希望和信心；在个人层面包括：爱情、使命（职业）、勇气、自尊、安全感、个人技能、美感、毅力、宽恕、创意、未来规划、天赋和智慧等；在群体层面包括责任、教育、利他主义、礼貌、温和、宽容和职业道德等。

　　需要注意的是，积极心理学不仅关注那些积极的因素、情绪、组织结构，也承认失败、挫折等的存在，并认为它们同等重要。彼得森教授指出："积极心理学的一个基本假设是'人类善良美好的一面与病态的一面同样真实存在'"，并不断强调："受苦和幸福都是人类生活中的状态，所有的心理学家都应该重视这两者……受苦与幸福之间的关系也需要研究"。② 在这样的研究前提下，积极心理学所研究的话题包括积极情绪、积极生活和积极社会系统这三大方面，在这个基础上，彼得森教授认为积极心理学领域的研究主题还包括积极特质，且积极社会系统可以细分为积极关系与积极组织。

二、学科情况与关键人物

1. 学科发展

　　积极心理学的发展并不是凭空出现的。在 1998 年塞利格曼教授为其正式定义之前，就已有学者对于积极因素进行研究，而说到积极因素，就

---

① 　[美] 马丁·塞利格曼：《真实的幸福》，湛庐文化 Kindle 版本 2010 年版，第 12 页。
② 　[美] 克里斯托弗·彼得森：《打开积极心理学之门》，侯玉波等译，机械工业出版社 2016 年版，第 20、38 页。

不得不提到心理学中的人本主义心理学。

人本主义心理学兴起于 20 世纪五六十年代的美国，由马斯洛创立，以罗杰斯为代表。该学科被称为除行为学派和精神分析学派以外的心理学上的"第三势力"。人本主义和其他学派最大的不同是，特别强调人的正面本质和价值，强调人潜能的发展和自我实现。

人本主义的创立者亚伯拉罕·马斯洛（Abraham H. Maslow）在其著作中最后一章使用了"积极心理学"一词，该章主要用来论述和强调他所关注的创造力和自我实现这两个概念；人本主义心理学强调人类发挥自身潜能的力量，其代表学者罗杰斯、马斯洛均强调人的成长、发展和自身价值。

另外，积极心理学家关于自身"正面"的提高和相关研究，也不仅仅局限在人本主义心理学领域，如同样关注幸福感并积极促进的阿尔巴、考恩；注意到人事代理和效能感的班杜拉；还有心理学家对一般智力展开了研究；对心理疾病患者在病态之余的生活质量进行了研究等。这些来自不同领域的研究结果都为积极心理学学科的出现提供了一定的数据证明和理论基础，关于谢丽·泰勒在被确诊为乳癌之后的个体抑郁情况研究，再一次证实了积极心理学的前提：积极是人类天性中的一部分 [1]。

目前积极心理学的发展就建立在下述的基础之上：人本主义心理学主张对人格发展进行分析和研究，其研究目标与积极心理学类似，都偏向于研究人性中"正面"或"积极"的部分，但其研究方法上与传统心理学的科学研究法有较大差别，积极心理学的创始者塞利格曼教授在其文章中指出人本主义心理学没有形成研究传统，且具有"反科学性"本质，彼得森教授也在其专著中指出人本主义心理学对于科学反映事实的态度保持怀疑；而具有较为传统方法论的学术研究，如上文所提到的多个研究，也仅关注

---

[1] ［美］克里斯托弗·彼得森：《打开积极心理学之门》，侯玉波等译，机械工业出版社 2016 年版，第 39—40 页。

于其领域中"积极"的某个特质，而并非对所有的积极特质进行关注和研究。

1998 年，以塞利格曼教授在美国心理学会（American Psychological Association，APA）上选择将"积极心理学"作为任期主题标志①，该学科有了正式的定义，自 2000 年塞利格曼等学者在《美国社会心理》期刊上发表《积极心理学导论》一文，该学科开始迅速发展，逐渐成为心理学中的一股"热潮"。

2. 关键人物

从上文可知，积极心理学的发展并不是一蹴而就的，有研究者归纳了五位积极心理学之父（The 5 founding fathers）②，他们分别是：

（1）威廉·詹姆斯（William James，1842—1910）

威廉·詹姆斯是美国心理学家、哲学家，被誉为是"美国心理学之父"③。他是第一位在美国开设心理学课程的教师。④"意识流"和"情绪"是詹姆斯的重要理论，并且他非常强调人的主体性，强调人具有巨大的潜能，这种观点与人本主义心理学不谋而合，也具有积极心理学的特征；另外，詹姆斯也被认为是实用主义心理学创始人之一，他在 1980 年出版了《心理学原理》，主张心理学的研究应采用实验法、调查法等科学的研究方法。因此，基于研究范式与基本主张上的一致性，有学者将其称为是"第一位积极心理学家"。

（2）亚伯拉罕·马斯洛（Abraham Maslow，1908—1970）

亚伯拉罕·马斯洛是美国社会心理学家，第三代心理学（人本主义心理学）的开创者，其代表理论为马斯洛需求层次理论。马斯洛的研究坚持

---

① *Positive Psychology: The Benefits of Living Positively,* World of Psychology, 2013.

② Srinivasan, T. S., "*The 5 Founding Fathers and A History of Positive Psychology*", 2015.

③ *William James: Writings 1878–1899,* The Library of America, 1992.

④ T.L.Brink, *Psychology: A Student Friendly Approach,* Unit One: The Definition and History of Psychology, 2008, p.10.

人的主体性，认为人是具有多种动机和需要的，且这种动机和需要随着情况的变化也有所改变，且人的自我实现被马斯洛认为是人的最高需求层次。在马斯洛 1954 年出版的《动力与人格》(*Motivation and Personality*)一书的最后一章，他首次使用了"积极心理学（Positive psychology）"一词作为章名，并且，马斯洛及他所代表的人本主义心理学与积极心理学相同之处在于：都强调了积极因素在人的生活发展中的作用。

（3）马丁·塞利格曼（Martin Seligman，1942— ）

马丁·塞利格曼是美国心理学家、教育家、作家，是积极心理学的促进者，其代表性学术成果有习得性无助（Learned helpless）、习得性乐观和积极心理学。习得性无助的相关研究使塞利格曼发现"动物的学习包含了认知、动机和情绪的成分"，并且在采用归因维度理论对习得性无助所进行的后续研究中，塞利格曼根据不同的归因方式，将人们对待失败或成功的归因划分为悲观归因和乐观归因。[1] 其后，由于一次与 5 岁女儿的对话，塞利格曼发现人可以对抱怨或停止抱怨做出自主的选择，并且在教育孩子方面，不仅仅要帮助其修正其缺点，更要引导其强化优点[2]，这番谈话还导致塞利格曼的研究从习得性无助转向习得性乐观，并且在关于乐观的研究中为积极心理学的发展打下了坚实的基础（曹新美，刘翔平，2008）。

塞利格曼等学者不仅仅确立了"积极心理学"的定义，更提出了相关的研究理论，如幸福感理论、幸福五要素（PERMA 理论），更在宾夕法尼亚大学开创了应用积极心理学硕士课程（Master of Applied Positive Psychology，MAPP）。

（4）米哈利·契克森米哈赖（Mihaly Czikszentmihalyi，1934— ）

米哈利·契克森米哈赖是匈牙利裔美国心理学家，他识别并命名了心

---

[1] 曹新美、刘翔平：《从习得无助、习得乐观到积极心理学——Seligman 对心理学发展的贡献》，《心理科学进展》2008 年第 4 期。

[2] ［美］马丁·塞利格曼：《真实的幸福》，湛庐文化 Kindle 版本 2010 年版，第 12 页。

理学中的重要概念"流（flow）"①，并与塞利格曼一起为积极心理学的发展作出了贡献。他通过绘画的联想，指出创造有的时候比完成工作本身更加重要，他致力于"流状态（Flow State）"的研究，且发现了许多当前流行的因素②。

（5）克里斯托弗·彼得森（Christopher Peterson，1950—2012）

克里斯托弗·彼得森是美国心理学家，密歇根大学教授，他关于乐观、健康、性格、积极的研究使其成为积极心理学的创始人之一。③

三、重要理论

积极心理学经过 20 年的发展，至今已经具有一定的理论成果，产生了一些有意义的研究发现。

（一）幸福三部曲与幸福五要素

哪些措施可以使人持续地提升幸福感？关于"幸福"的人生，在《真实的幸福》（*Authentic Happiness*）一书中，塞利格曼教授指出其具有享乐、参与和意义三个要素。享乐指代的是愉快的生活，这种生活最大化积极情绪，最小化负面或消极情绪；参与指代的是对家庭、工作、爱情与嗜好的投入程度；意义表示发挥个人长处，达到比我们个人更大的目标④。但是需要注意的是，这三个元素并不具有同等的作用，由于正面情绪具有习惯

---

① Wikipedia, https://en.m.wikipedia.org/wiki/Mihaly_Csikszentmihalyi.

② Srinivasan, T. S., *The 5 Founding Fathers and A History of Positive Psychology, 2015*, https://positivepsychologyprogram.com/founding-fathers/.

③ Christopher Peterson, Wikipedia, https://en.wikipedia.org/wiki/Christopher_Peterson_（psychologist）.

④ David Sze, *The Father of Positive Psychology and His Two Theories of Happiness*, 2015, https://www.huffpost.com/entry/the-father-of-positive-ps_b_7600226.

性或适应性，快乐往往会被适应而不再有吸引力，且情绪往往不具有持久性，故其带给人们的幸福感会小于参与或意义。

在三要素的基础上，塞利格曼发展出了幸福五要素，即 PERMA，其中 P 为积极的情绪（positive emotions），E 为参与（engagement），R 为关系（relationship），M 为意义（meaning），A 为成就（Accomplishments）。[1] 这五个要素的选择都基于以下三个标准：（1）对幸福感有帮助；（2）为了自己的追求；（3）在定义和测量上独立于其他元素。[2]

从幸福三部曲到幸福五要素，塞利格曼并不只是加了两个元素那么简单，在幸福三部曲中，塞利格曼强调的是三个通往幸福的路径，这些路径可以单独存在，也可以与另两个路径配合；而在 PERMA 的理论框架下，幸福是由五个理论共同建构的，并没有一个单一的元素能够独自定义幸福[3]，而从幸福三部曲到 PERMA 的转变，也体现了积极心理学"从关注情感体验的幸福观向关注人生丰盈蓬勃发展的幸福观的转变"[4]。

（二）人格力量和美德

前文中已经提到，研究者们选择了多种特质作为指标，而这个指标的提出则出现在 2004 年，塞利格曼和彼得森发表了《人格力量与美德手册（*Character Strengths and Virtues*，*CSV*）》，该手册定义了六类基本美德，且每个美德下又细分有相应的人格优势。

这六类美德和优势包括：

---

[1] Seligman, Martin E. P., *Flourish: A Visionary New Understanding of Happiness and Well-Being*, New York: Free Press, 2011.

[2] Wikipedia, https://en.wikipedia.org/wiki/Positive_psychology#CITEREFSeligman2011.

[3] David Sze, *The Father of Positive Psychology and His Two Theories of Happiness*, 2015, https://www.huffpost.com/entry/the-father-of-positive-ps_b_7600226.

[4] 曹瑞、孙红梅：《PERMA——塞利格曼的幸福感理论新框架》，《天津市教科院学报》2014 年第 2 期。

①智慧与知识（Wisdom and knowledge）：创造力、好奇心、思想开放度、热爱学习、观点（perspective）；

②勇气（Courage）：勇敢、坚毅、热情、正直、活力；

③仁爱（Humanity）：爱、善良、社会智力；

④正义（Justice）：国籍、公平、领导力；

⑤节制（Temperance）：宽恕和怜悯、谦卑、谨慎、自我控制；

⑥精神卓越(Transcendence)：欣赏美丽和卓越、感恩、希望、幽默、灵性。

当前，研究者们将这些特质根据不同的逻辑线进行了分类，如知识优势、人际优势、节制优势，或坚韧、活力等；还有学者对上述特质进行了补充。

（三）心流（Flow）

心流是契克森米哈赖从 1970 年就开始研究的主题，其指代的是一种完全沉浸的状态，是一种放弃自我控制的状态，其感受是"时间在飞逝"①，在积极心理学中，心流状态（flow state）是一种精神状态，在这个状态中的个体完全专注在其所进行的事物或所关注的问题上面，对其他的一切毫不在意，是一种全身心参与、全神贯注并在活动中获得愉悦感的状态。②心流状态与塞利格曼所提出的幸福要素中的参与联系紧密，塞利格曼指出为了达到心流状态，"个体需要了解自己的独特优势并学习如何实践"。③

（四）幸福公式：H=S+C+V

在《真实的幸福》一书中，塞利格曼运用幸福公式揭示了如何获得幸

---

① https://en.wikipedia.org/wiki/Positive_psychology#cite_note-FOOTNOTEPetersonSeligman2004-51.

② https://en.wikipedia.org/wiki/Flow_（psychology）.

③ David Sze, *The Father of Positive Psychology and His Two Theories of Happiness*, 2015, https://www.huffpost.com/entry/the-father-of-positive-ps_b_7600226.

福，其中 H 指的是幸福持久度，S 是幸福的范围，C 是生活环境，V 是个体自身可以控制的因素。①

在塞利格曼教授看来，幸福分为暂时的幸福和持久幸福，其中暂时的幸福是由生活中一些好的事情带来的，而持久幸福则是由个体基因决定的（但并不是不可以改变），塞利格曼的公式在于帮助大家提升持久幸福②。幸福的范围则指的是个体的人际交往情况，研究发现，极端快乐的人对比不快乐的人的区别在于，极端快乐的人往往积极参与社会交往③，而越多的人际交往则意味着幸福的范围越大，但幸福的适应性也会给幸福感的提升带来一定的限制；生活环境因素可以提高幸福感，但其改进往往成本较高，④ 因此个体自身可以控制的因素就在幸福感的提升中显得尤为重要。

在书中，塞利格曼将自身可以控制的因素按照时间分为"现在、过去、未来"三个层面，并指出对过去的积极情绪包括"满意、满足、成就感和骄傲"，对现在的积极情绪包括"欢乐、狂喜、平静、热情、愉悦和心流体验"，对未来的积极情绪包括"乐观、希望、信心和信任"。⑤

（五）其他相关理论

说到幸福（well-being）的因素，早在 1984 年，爱德华·丹尼尔（Edward F. Diener）提出了幸福的三分模型（tripartite model of subjective well-being）用来描述人们如何体验其生活质量，包括情感反应和认知判断⑥，该模型指出频繁的正面影响、罕见的负面影响与认知评估(如生活满意度)

---

① ［美］马丁·塞利格曼：《真实的幸福》，湛庐文化 Kindle 版本 2010 年版，第 12 页。

② ［美］马丁·塞利格曼：《真实的幸福》，湛庐文化 Kindle 版本 2010 年版，第 12 页。

③ Martin Seligman, "The new era of positive psychology", TED, https://www.ted.com/talks/martin_seligman_on_the_state_of_psychology.

④ ［美］马丁·塞利格曼：《真实的幸福》，湛庐文化 Kindle 版本 2010 年版，第 56 页。

⑤ ［美］马丁·塞利格曼：《真实的幸福》，湛庐文化 Kindle 版本 2010 年版，第 69—70 页。

⑥ Diener, Ed., *Subjective well-being*, Psychological Bulletin, 1984, pp.542-575.

等往往与幸福的体验有一定的联系。[①]

另一个与幸福（well-being）因素相关的理论为卡罗尔·芮芙（Carol Ryff）提出的六因素模型（The Six-factor Model of Psychological Well-being），在其定义中心理学意义上的幸福包含了与他人的积极关系、自主权掌握、目标和生活意义以及成长和发展这六个重要因素。

在积极情绪的相关理论中，心理学家芭芭拉·弗雷德里克森（Barbara Fredrickson）的"拓宽—建立理论（broaden-and-build theory）"激起了积极心理学家们的广泛注意，为从事情绪干预工作或积极干预的人员提供了一个基本原理[②]。弗雷德里克森采用实验室实验和心理物理测量法进行了一系列的研究，该理论认为积极情绪能够拓宽一个人的注意范围和认知能力，拓宽人的探索行为或想法，并且这些被拓宽的行为会建立起个体的技能和资源。[③]

另一个有关于积极情绪的理论是丹尼尔·卡尼曼的峰—终理论（Peak-end theory），这是一个关于过去积极情绪的记忆与现实的匹配度的理论。该理论指出："当我们在想象过去的愉悦时，我们的记忆主要受高峰时的感觉及结束时的感觉影响，这一理论反映的就是我们对于过去预约的会议并不忠实于事实的原貌……人们对于过去体验的总体评定主要反映了体验过程中感受最强的时刻以及体验结束的时刻，而忽略掉了整个体验（愉悦的或令人讨厌的）持续了多久。"[④]而对于当下的积极情绪，曝光效应则为

---

① Tov & Diener（2013），*Subjective Well-Being*, Research Collection School of Social Sciences, Paper 1395. "Archived copy". Archived from the original on 2017-06-05. Retrieved 2017-06-14. Tov & Diener, *Subjective Well-Being*, Research Collection School of Social Sciences, 2013.

② ［美］克里斯托弗·彼得森：《打开积极心理学之门》，侯玉波等译，机械工业出版社2016年版，第184页。

③ https://en.wikipedia.org/wiki/Broaden-and-build.

④ ［美］克里斯托弗·彼得森：《打开积极心理学之门》，侯玉波等译，机械工业出版社2016年版，第138—139页。

我们提供了理解的工具。曝光效应指的是：人们往往会对经常接触的东西产生好感，即使这种接触是下意识的和禀赋效应（Endowment effect），人们倾向于喜爱那些分配给自己的东西，尽管一开始并不是特别想要它或认为它有价值①。

四、研究方法

彼得森教授指出："如果将某个事物称为积极心理学，我们就需要强调其内部机制中所运用的心理科学工具，以及想法和事实之间的匹配性"②，以及"积极心理学需要从司空见惯的智慧常识之中寻找真理，而科学方法对此责无旁贷"③。正如前文所提到的那样，塞利格曼教授对于人本主义心理学的研究方法提出了质疑，并强调只有科学的研究方法才能使理论与实际相匹配。

从塞利格曼等学者的表述中我们可以看出，从学科起始，积极心理学就拒绝将自己视作心理学"革命"，而将其作为是对于科学心理学被忽视的积极面的一种补充，故此它坚持传统心理学的科学观，坚持实证主义和客观主义的基本立场④："一旦这些研究开始，就要专注其中并不带任何感情色彩"⑤。

因此在研究方法上，积极心理学吸收了传统主流心理学的绝大多数

---

① ［美］克里斯托弗·彼得森：《打开积极心理学之门》，侯玉波等译，机械工业出版社2016年版，第144页。

② ［美］克里斯托弗·彼得森：《打开积极心理学之门》，侯玉波等译，机械工业出版社2016年版，第54页。

③ ［美］克里斯托弗·彼得森：《打开积极心理学之门》，侯玉波等译，机械工业出版社2016年版，第37页。

④ 孟娟：《"人本的积极心理学"与"实证的积极心理学"——人本主义心理学与积极心理学方法论比较研究》，《心理学探新》2015年第3期。

⑤ ［美］克里斯托弗·彼得森：《打开积极心理学之门》，侯玉波等译，机械工业出版社2016年版，第46页。

研究方法和研究手段（如量表法、问卷法、访谈法和实验法等）[1]，还一度想要"模仿 DSM-Ⅳ（精神障碍诊断及统计手册 Diagnostic and Statistical Manual of Mental Disorders）的模式而制定的一个世界性的 DSSWB（幸福感诊断及统计标准 Diagnostic and Statistical Standard of Well-Being）标准"[2]。并且，积极心理学的研究方法更具有包容性，虽然强调实证，但也不拒绝非实证研究范式的研究方法，如解释学、演绎推理等[3]。

五、应用与实践

积极心理学家特别强调，积极心理学不仅仅关注理论，更关注如何运用。当前积极心理学的研究已经不仅仅局限在积极因素上面，而是更多地拓展到了积极因素与各个不同的领域中的作用或效果研究。尤其是针对发展心理健康、促进个体情绪、保持高水平的心理状态等问题，积极心理学的应用和实践能够发挥有效的作用。

（一）积极人格研究

Hillson 和 Marie 在问卷研究的基础上将积极的人格特征与消极的人格特征进行了区分，认为积极的人格特征中存在两个独立的维度：①正性的利己特征（PI：positive individualism）；②与他人的积极关系（PR：positive relations with others）。[4] 研究发现，"积极的人格有助于个体采取更为

---

① 李金珍、王文忠、施建农：《积极心理学：一种新的研究方向》，《心理科学进展》2003年第3期。

② 任俊、叶浩生：《当代积极心理学运动存在的几个问题》，《心理科学进展》2006年第5期。

③ Alan Carr：《积极心理学：有关幸福和人类优势的科学》，中国轻工业出版社2013年版，第9页。

④ 李金珍、王文忠、施建农：《积极心理学：一种新的研究方向》，《心理科学进展》2003年第3期。

有效的应对（coping）策略，从而更好地面对生活中的各种压力情景"①，而"为他人的福利终究比为自己的快乐更令人满足"②。

1.正性的利己特征（PI：positive individualism）

"乐观"是较为重要的积极人格，乐观思考与对风险的低估有相关关系，③ 即"乐观偏差（optimistic bias）"；Sandra L. Schneider 讨论了一种"现实的乐观"来平衡乐观带来的积极感受与乐观偏差带来的适应性下降问题。为了更好地测量乐观，Schwarzer 编制了 POSO-E 问卷，来对个人乐观主义、社会乐观主义、自我效能感乐观主义进行测量。另外，在乐观与健康、生活满意度、未来预期、幸福的研究中均发现乐观与这些因素呈正相关④。

安全感作为个体特征，也是积极心理学中受关注较多的研究对象。如本课题组关于农村留守儿童的心理安全感研究发现，留守儿童安全感得分显著低于非留守儿童（见表1—2—1），并根据留守儿童在人际安全感、确定控制感两大因子的得分都处于低水平（见表1—2—2），推断出留守儿童在与陌生人相处或者身处陌生环境时，容易产生忧虑与担心的感受；对身边发生的应激事件感到没有办法掌控。这一研究结果从反向证明了安全感水平与个体在采取应对压力情景时，安全感水平越高的儿童应对情况越好。

---

① Medvedova L., *Personality dimensions:"Little Five" and their relationships with coping strategies in early adolescence*, Studia Psychologica, 1998, pp.261-265.

② ［美］克里斯托弗·彼得森：《打开积极心理学之门》，侯玉波等译，机械工业出版社2016年版，第97页。

③ ［美］克里斯托弗·彼得森：《打开积极心理学之门》，侯玉波等译，机械工业出版社2016年版，第47页。

④ 王延松：《心理学视野中乐观主义研究的新进展》，《西北师大学报（社会科学版）》2010年第4期。

表1—2—1 儿童在不同留守情况下的安全感得分

项目 \ 留守情况	留守	非留守
样本数（n）	139	239
安全感均值（MD）	36.19	45.46
安全感标准差（SD）	8.70	11.14

表1—2—2 留守儿童安全感的描述性统计结果

		留守儿童	非留守儿童	总体
性别	男	80（57.6%）	121（50.6%）	201（53.2%）
	女	59（42.4%）	118（49.4%）	177（46.8%）
年龄		M=10.24 SD=1.24	M=10.20 SD=1.21	M=10.21 SD=1.22
独生子女	是	11（7.9%）	40（16.7%）	51（13.5%）
	否	128（92.1%）	199（83.3%）	327（86.5%）
人际安全感		M=17.23 SD=4.73	M=21.86 SD=5.93	M=20.16 SD=5.95
确定控制感		M=18.96 SD=5.46	M=23.60 SD=6.46	M=21.89 SD=6.50
安全感总分		M=36.19 SD=8.70	M=45.46 SD=11.14	M=42.05 SD=11.23
家庭经济条件	较好	13（9.4%）	41（17.2%）	54（14.3%）
	一般	115（82.7%）	172（72%）	287（75.9%）
	较差	11（7.9%）	26（10.9%）	37（9.8%）

在留守儿童的安全感研究中，本课题组研究者还发现家庭经济情况与留守儿童的安全感呈正相关（见表1—2—3）：

表1—2—3　不同家庭温暖程度下的安全感得分

家庭温暖程度	较高	一般	较低
样本数（n）	66	86	26
安全感均值（MD）	55.54	46.64	39.24
安全感标准差（SD）	10.03	9.79	10.32

对家庭经济条件和家庭温暖程度对安全感的影响进行Scheffe事后检验。

首先对不同家庭经济条件下个体的安全感进行比较，结果如表1—2—4所示。

表1—2—4　不同家庭经济条件下的安全感比较

家庭经济条件	安全感均值差（MD）	安全感均值差标准误（SE）	P
较差——一般	−5.13	1.33	.001
较差——较好	−16.67	1.91	.000
一般——较好	−11.54	1.56	.000

由表1—2—4可得，家庭经济条件较差的个体的安全感显著低于家庭经济条件一般的个体的安全感（MD=−5.13，SE=1.33，P=.001）。家庭经济条件较差的个体的安全感显著低于家庭经济条件较好的个体的安全感（MD=−16.67，SE=1.91，P<.001）。家庭经济条件一般的个体的安全感显著低于家庭经济条件较好的个体的安全感（MD=−11.54，SE=1.56，P<.001）。可以认为，家庭经济条件越好，儿童的安全感水平越高。

处于不同家庭经济条件的留守儿童，安全感差异显著，且家庭条件好的留守儿童安全感显著高于家庭条件经济差的留守儿童。有关研究提道：

"在促进儿童幸福感的过程中，家庭经济状况是十分重要的要素，如果家庭能为孩子提供更多的支持，包括物质上的和精神方面的，其子女在学校里就会做得更好，更少出现问题行为。"①因此，改善留守儿童的家庭经济条件也可能是提升留守儿童安全感的有效措施。

2. 与他人的积极关系（PR：positive relations with others）

积极关系是积极心理学较为重要的特征之一。为了探讨农村留守儿童的心理健康现状及对策，本课题组研究者对重庆农村儿童随机发放了问卷，其中农村留守儿童有 204 名，非农村留守儿童有 358 名，数据显示 204 名农村留守儿童中，有 108 名学生存在一定的心理问题。具体情况如表 1—2—5 所示，总结起来共有：①孤独感较强，②不愿意与他人相处和沟通，③情绪不稳定，④学习压力大这四个特点。研究者又进一步对这 108 位学生与家长、监护人、教师交流的情况进行了调查，发现在这些心理健康存在问题的学生中普遍缺少与他人的积极的关系。

表 1—2—5　问卷结果相关数据

选项	人数	百分比（%）
跟父母关系不好的	10	9.2
怨恨父母的	16	14.8
父母离开感到严重忧虑的	17	15.7
没有父母陪伴感到孤独的	66	61.1
容易发脾气的	36	33.3
经常因小事打架或骂人的	20	18.5
与监护人有矛盾独自伤心的	99	91.7
与监护人有矛盾告诉他人的	7	6.6
感觉没有人关心自己	15	13.9
只有家人和少数朋友关心自己	68	63.0

① 廖传景：《留守儿童安全感研究》，西南大学，博士论文，2015 年。

选项	人数	百分比（%）
关心自己的人很多	25	23.1
别人不关心我，我也不关心别人	32	29.6
朋友极少的	16	14.8
不喜欢学校的	8	7.4
不想读书，想去赚钱的	8	7.4
感觉学习压力大的	21	19.4
不希望上课被老师关注的	28	25.9
不愿意参加集体活动的	14	12.9
不愿意分享心事的	32	29.6
不喜欢找人帮忙的	23	21.2
总觉得别人在背后议论自己的	18	16.7
缺乏自信的	48	44.4
总是担心被他人欺负的	23	21.3
觉得社会不公平的	11	10.1

本课题组在留守儿童的心理安全感研究中也发现了积极关系与安全感水平之间的正相关关系：研究由留守儿童根据监护人平时对自己的好坏进行评定，在三个选项（"很好""一般""不好"）中自行选择答案，作为家庭温暖程度变量。具体比较情况详见表1—2—6。

表1—2—6 不同家庭温暖程度下的安全感得分

家庭温暖程度	较高	一般	较低
样本数（n）	66	86	26
安全感均值（MD）	55.54	46.64	39.24
安全感标准差（SD）	10.03	9.79	10.32

家庭温暖程度对安全感的影响进行 Scheffe 事后检验。首先对不同家庭经济条件个体的安全感进行比较，结果如表1—2—7所示。

表1—2—7　不同家庭温暖程度下的安全感比较

家庭温暖程度	安全感均值差（MD）	安全感均值差标准（SE）	P
较低——一般	−7.40	1.11	.000
较低—较高	−16.29	1.84	.000
一般—较高	−8.90	2.00	.000

家庭温暖程度较低的个体的安全感显著低于家庭温暖程度一般的个体的安全感（MD=−7.40，SE=1.11，P<.001）。家庭温暖程度较低的个体的安全感显著低于家庭温暖程度较高的个体的安全感（MD=−16.29，SE=1.84，P<.001）。家庭温暖程度一般的个体的安全感显著低于家庭温暖程度较高的个体的安全感（MD=−8.90，SE=2.00，P<.001）。可以看出，家庭温暖程度不同的留守儿童，其安全感差异显著，且家庭温暖的留守儿童安全感显著高于家庭不温暖的留守儿童。一方面，安全感较差的留守儿童大多数由他人监护或无人监护。他们没有感受到社会和亲情的关爱，导致内心安全感极度缺失，感情极其脆弱。另一方面，他们正处于一个身心发展的重要时期，平时在学习生活上、与同学交往过程中或多或少会产生一些郁闷情绪与烦恼，而监护人又无暇顾及他们的情绪变化，身边也没有信任的人可以倾诉，久而久之就导致了严重的心理疾病。所以，积极的家庭关系，可以让留守儿童认为自己在这个家庭是被重视的，也能有效提高留守儿童安全感。

（二）积极情绪研究

积极情绪的研究往往运用在商业、健康等方面，研究发现：积极情绪可以使智力得到提高，在积极状态下，人们更灵活也更有创造性[1]。而积极情绪与人格特质也有一定的关联："积极的社会关系可以促进积极特质

---

[1]　[美]克里斯托弗·彼得森：《打开积极心理学之门》，侯玉波等译，机械工业出版社2016年版，第43页。

的发展和表现，从而进一步促进积极的主观体验。"[1]并且积极的情绪体验对于健康的恢复和维持也有一定的有利影响，并且会有助于预防疾病，这与患者的心理感受、未来期待以及生理激素分泌等因素有一定的关联[2]。

从表1—2—5可以看出，留守对孩子影响最大的就是孤独感强烈。当被问到父母离开对自己影响最大的是什么时候，有61.1%的孩子认为对自己影响最大的就是感到孤独。因为长期与父母分离使得15.7%的孩子会因为父母的离开感到郁闷，留守生活使14.8%的孩子对父母的离开产生怨恨情绪，也造成9.2%的孩子跟父母关系不好。

另外，农村留守儿童由于缺乏亲人保护，导致他们的内心比同龄的孩子更为敏感、脆弱又过早成熟，极端偏执的认知容易导致情绪极其不稳定。当与他人发生矛盾时，18.5%的孩子会主动打人或骂人；33.3%的孩子情绪不稳定，会经常因为一些小事对他人发脾气。

因此，如何提升并保持积极情绪，也是积极心理学研究中的一部分。

（三）积极心理干预

积极心理干预（Positive Psychology Intervention，PPI）实现了积极心理理论的治疗和实践之间的转换。虽然对于幸福感持续时间的长短有不同意见，学者们的研究都发现基于性格优势的干预能够提升个体的幸福感。

进行积极干预的方法也在不断地发展中，目前积极心理干预领域运用最广的是基于性格优势的干预（Character Strengthsbased Intervention）[3]；积极情绪感知体验也是一种较为常用的积极干预方法，能够使个体内在达

---

[1] ［美］克里斯托弗·彼得森：《打开积极心理学之门》，侯玉波等译，机械工业出版社2016年版，第58页。

[2] 李金珍、王文忠、施建农：《积极心理学：一种新的研究方向》，《心理科学进展》2003年第3期。

[3] 段文杰、卜禾：《积极心理干预是"新瓶装旧酒"吗》，《心理科学进展》2018年第10期。

到平衡的基本愉悦感、提升积极情绪和幸福感希望疗法（Hope Therapy）是由积极心理学家施耐德（Snyder）等人提出的"希望理论"发展而来的一系列干预方法，这种干预办法有助于帮助个体建立对于未来的积极期望，培养积极思维。

六、批判与反思

尽管积极心理学目前的发展十分乐观，但仍不乏对其的批判。

首先，在积极心理学领域内部，彼得森指出积极心理学拥有一些"坏同伴"：当前由于一些"成功学"类的书刊流行，大众往往容易将这些书刊与积极心理学画等号，而"通过严格实验所得到的结论和数据从他们口中传达之后，变成了对大众来说模棱两可的事物的简单实例"[1]。而在积极心理学的研究领域方面，彼得森教授指出发展心理学、社区心理学和文化心理学中积极心理学的发展也不太顺利，在认知心理学和生理心理学方面也才刚起步。

其次，在研究方法上，尽管积极心理学继承了传统心理学的实证研究范式，但有传统心理学者认为，积极心理学当前的研究多集中在横截面研究中，而纵向研究是心理学的一个重要研究方式，积极心理学的研究应在这方面加强[2]。而对于积极心理学在研究方法上对人本主义的批判，学者泰勒回应称，对于什么是科学的研究方法，人本主义心理学与积极心理学有着不同的认识。积极心理学所推崇的是科学的现实模式。而人本主义心理学认为，还原认识论可能是科学所要求的[3]。

---

[1] ［美］克里斯托弗·彼得森：《打开积极心理学之门》，侯玉波等译，机械工业出版社2016年版，第54页。

[2] 《当代积极心理学运动存在的几个问题》，《心理科学进展》2006年第5期。

[3] 孟娟、彭运石：《积极心理学与人本主义心理学：爱恨情仇》，《教育研究与实验》2010年第3期。

此外，积极心理学面临的问题，还包括积极—消极的失衡与"积极暴政"。积极暴政是指过度追求积极效应与积极体验等元素的现象。这种积极暴政不仅与积极心理学的初衷"平衡心理学研究"相悖，① 也忽视了消极对于人类心理和生活的建构作用②。

另外，积极心理学作为新兴学科，还面临着理论基础较为薄弱、研究对象不够全面等问题。任俊、叶浩生在对积极心理学进行分析时指出，其研究对象具有"成人化"及"白人化"倾向③，成人化是指当前积极心理学的研究对象大部分以成年人为主，而"白人化"则从跨文化的角度，指出积极心理学的研究应考虑到文化价值观的背景。从这个角度来看，本课题组针对农村留守儿童所展开的积极心理品质研究，也许可以从某个层面上改善上述的"成人化"及"白人化"倾向。

当然，积极心理学正在起步阶段，而积极心理学所关注的积极因素是当前社会生活中所追求的目标和期望，其本身具有强大的吸引力，这种积极的潮流也会顺势发展，而该学科在壮大过程中所遇到的问题，也呼唤学者们去逐步解决和完善。

第三节　农村留守儿童积极心理品质的研究现状

一、农村留守儿童积极心理品质的研究概述

我国对农村留守儿童关注虽多，但对其积极心理品质的关注却较少，我们在农村留守儿童积极心理品质的研究方面的文献极少。在中国知网里

① 翟贤亮、葛鲁嘉：《积极心理学的建设性冲突与视域转换》，《心理科学进展》2017 年第 2 期。
② 孟娟、印宗祥：《积极心理学：批判与反思》，《心理学探新》2016 年第 2 期。
③ 任俊、叶浩生：《当代积极心理学运动存在的几个问题》，《心理科学进展》2006 年第 5 期。

我们输入农村留守儿童关键词得到了 11306 条结果，输入积极心理品质只得到了 864 条结果，在农村留守儿童的结果里再检索积极心理品质时，我们仅仅得到了 12 条结果。从以上数据我们可以推测，我国对于农村留守儿童积极心理品质的研究基本处于边缘化状态，被众多研究农村留守儿童的学者所忽视。我们研究相关文献发现，目前关于农村留守儿童大量的研究主要是以问题研究式的方式进行的，是一种消极性的心理研究。当前留守儿童教育的理论研究与教育实践仍旧沿袭了病理心理学和消极心理学既有的传统模式[①]。学者对农村留守儿童因家庭缺位、学校补位不足所造成的诸如孤僻冷漠、自卑、冲动暴躁、叛逆敌对等问题的研究，更多采用的是发现问题—解决问题的形式进行的。而传统心理学研究所关注的中心是各种心理问题的解决办法，所展现的都是心理不健康的一面，强调的是消极、病态心理方面的探讨，成为了一种"消极"心理学，因而对农村留守儿童的关注多止于问题出现后的咨询与治疗[②]。正如过去的一些假设所主张的那样，过分强调修复或恢复影响心理疾病的因素会自动促进相关个体的最佳发展。但事实上，这类假设目前已经反复遭到质疑。比如说，Fredrickson 等的相关研究表明，影响生活质量的因素与影响精神病理学的因素并不是完全一致的。这也就是说，即使我们成功地消除了某些农村留守儿童的精神病理症状，他们的生活质量也并不一定就能够因此而得到显著的提高。这实际上支持了一个学术观点，即心理"健康"不仅仅是问题、痛苦和疾病的消除。该观点认为，我们除了需要去了解导致个体不幸福的因素之外，还需要更多地去了解促进个体幸福的因素。

综上所述，正是因为采用传统式问题式、病理式心理健康教育治标不

[①] 乔虹、黄俊:《留守儿童生命教育中积极心理品质的培养》,《现代教育论丛》2017 年第 3 期。

[②] 康钊、万龙:《积极心理健康教育:对留守儿童与流动儿童的心理关怀》,《绍兴文理学院学报（教育版）》2018 年第 1 期。

治本，所以本书主张积极心理健康教育，主张一切从"积极"出发，用积极的视角观察和解读各种现象，用积极的内容和途径培养积极向上的心态，用积极的手段诱发积极的情感体验，用积极的反馈强化积极的效果，用积极的态度塑造积极的人生，即便遇到不幸，也要从不幸中力求万幸，从而为幸福人生奠定积极的心理基础，营造和谐向上的阳光心态①，最终达到从根本上促进更多农村留守儿童的幸福感等积极心理品质蓬勃发展这一目标。

1999 年，Hillson 和 Made 首次提出"Positive Personality"（积极人格）的概念，后来，Seligman 在其著作中分别使用了"Positive Personal Trait"（积极人格特质）、"Positive Quality"（积极品质）和"Positive Character"（积极特征)②。积极心理学倡导研究人们正面的、积极的心理品质，促进个体产生积极状态的各种心理因素；关注的是日常的激励和友爱，人类的生存与发展，强调人的价值。它要求人们用一种更加开放的、欣赏的眼光去看待人类的潜能、动机和能力，研究积极品质③。

2009 年，官群、孟万金等成功开发研制了中国中小学生积极心理品质量表。他们经过深入的调查研究，将中国中小学生的积极心理品质分为六个维度 15 项品质，即认知维度（创造力、求知力、思维与洞察力）、情感维度（真诚、执着）、人际维度（爱、友善）、公正维度（领导力、合作力）、节制维度（宽容、谦虚、持重）、超越维度（心灵触动、幽默风趣、信念希望）。他们在研究中指出，积极心理品质是人类文明和人类传统美德积淀在人内心深处并与时俱进、体现时代精神和核心价值观的一系列心理特质及其总和。这些心理特质具有鲜明的积极性、正向性、主动性、进

---

① 陈虹：《积极心理健康教育为幸福人生奠基——再访"积极心理健康教育"创始人孟万金教授》，《中小学心理健康教育》2010 年第 21 期。

② 孟万金、张冲、Richard Wagner：《中国小学生积极心理品质测评量表研发报告》，《中国特殊教育》2014 年第 10 期。

③ SELIGMAN M, CSIKSZENTMIHALYI M, Positive Psychology: An Introduction, *American Psychologist*, 2000, pp.5-14.

步性、稳定性、建设性的特点①。

二、农村留守儿童生命教育的研究现状

生命教育是对人的全面发展的教育，是包含了人的情感、生活和人生的一种教育。生命教育在本质上与积极心理品质教育是一致的。国内目前的生命教育研究，绝大多数都涉及积极心理品质的研究。

1997 年时叶楠教授提出了课堂教学应该是充满着生机与活力的这一观点，是我国最早关注"生命教育"的学者②。乔虹、黄俊认为留守儿童生命教育中的积极品质培养可以分为培养儿童积极人格的安全教育；让儿童能够正确认识生命、尊重生命，发展主观幸福感的生死教育；以及帮助留守儿童建立自尊、悦纳自我的尊严教育。生命教育对于农村留守儿童来说非常的重要，如果一个儿童缺少了生命教育，可能会导致其生命情感淡薄、功利性思维等问题。乔璐认为开展生命教育应该充分发挥农村留守儿童的主体作用，以生命关怀为基本理念，从个体生命的需要出发，尊重生命的个体差异，因材施教，引导和促进生命全面而有个性地自由发展③。

（一）农村留守儿童的安全教育研究现状

农村留守儿童生命教育中积极心理品质的培养应该是建立在安全教育之上的，安全教育是培养农村留守儿童积极心理品质的基础。安全问题会给留守儿童带来许多的危害。有研究者认为，发生安全问题后可能会给农

---

① 官群、孟万金、JohnKeller：《中国中小学生积极心理品质量表编制报告》，《中国特殊教育》2009 年第 4 期。
② 叶澜：《让课堂焕发出生命活力——论中小学教学改革的深化》，《教育研究》1997 年第 9 期。
③ 乔璐：《生命化是现代道德教育的必然选择》，《教学与管理》2017 年第 33 期。

村留守儿童的身体健康造成危害、影响农村留守儿童的正常学习生活，还有可能给农村留守儿童留下心理创伤，甚至能够影响农村留守儿童以后的人际交往①。

但是我国目前对于农村留守儿童的所进行的安全教育情况并不理想。经过调查研究发现，农村教师的生命教育意识缺失，农村教师对儿童的体罚以及变相体罚情况依旧存在，伤害了学生的生命尊严。同时农村学生的生命意识也相当的缺乏，农村学生的自我保护意识淡薄、判断是非的能力较弱。此外对于农村留守儿童而言，隔代抚养情况居多，导致不少儿童都存在着骄纵任性、自私自利的性格，加上父母的缺位，让农村留守儿童产生了自卑、敏感多疑等情况，行动上往往表现出了退缩与冷漠、自我膨胀与胆怯交替的现象②。

（二）农村留守儿童的主观幸福感研究现状

生命的过程就像一朵花从最初的含苞待放到最终凋零的过程，我们应该正视这个过程，给予农村留守儿童相应的生命教育。生命教育是让农村留守儿童能够正确地认识生命，并由此尊重生命。

根据卢永兰等人的调查研究表明，留守儿童的主观幸福感低于非留守儿童的，他们的调研结果表明"农村留守初中生的总体主观幸福感低于中等水平；留守女生的主观幸福感水平低于男生；父母离异的留守学生的主观幸福感显著低于非离异家庭学生"。③卢春丽通过调查研究发现留守中学生的主观幸福感各维度的得分都低于非留守中学生，认为造成留守中学

---

① 马东东、韩春鸿：《农村留守儿童安全问题探究——以 S 县 F 村为例》，《劳动保障世界》2018 年第 26 期。

② 孙继刚：《农村初中生命教育开展的问题与对策研究》，《课程教育研究》2018 年第 3 期。

③ 卢永兰、林铮铮、林燕：《主观幸福感对农村留守初中生学习倦怠的影响》，《牡丹江师范学院学报（哲学社会科学版）》2018 年第 2 期。

生主观幸福感低的原因主要是留守中学生父母外出务工，导致留守中学生缺少父母关爱，容易产生消极、悲观甚至叛逆的情绪①。巫文辉等人在访谈中也发现父母外出务工、离异、单亲家庭中留守儿童的主观幸福感偏低，认为可能是由于农村留守儿童缺少与父亲或者母亲的情感交流和教育关爱，从而导致了农村留守儿童的主观幸福感降低的情况。

总的来说，目前农村留守儿童的主观幸福感水平偏低，多是因为父母的原因所导致的，同时也支持了农村留守儿童由于所受关于生命教育的程度不够，导致了他们不能够正视离别，不能够接受离别②的观点。

（三）农村留守儿童自尊的研究现状

自尊指个体对自身能力与价值的感知、评判和整体的自我接纳③。自尊与个人情绪、认知及行为表现密切相关，较高的自尊能够促进个体的心理适应，帮助个体调整行为与心境，减少面对困难、挫折时的躯体化倾向问题；较低的自尊则会削弱个体对环境的适应能力，进而影响心理健康④。乔虹、黄俊认为自尊包括了特质自尊、自我价值和自我评价；悦纳则是指能正确地评价自己、接受自己。他们认为尊严教育的核心是建立正确地自我评价体系以及理解失败与挫折⑤。根据上述文献，我们认为尊严教育最根本的核心就是自我接纳，让农村留守儿童学会正确地认识自己，然后接纳自己。廖传景等人在其研究报告中说过，自我接纳反映了留

---

① 卢春丽：《农村留守中学生主观幸福感与学习倦怠关系研究》，《铜仁学院学报》2018 年第 7 期。

② 巫文辉、周丽英、蔡科等：《农村留守儿童健康问题现状研究》，《当代体育科技》2017 年第 9 期。

③ Rosenberg M, Self-esteem and the adolescent, *New England Quarterly,* 1965, pp.177-196.

④ 黄飞：《尊严：自尊、受尊重与尊重》，《心理科学进展》2010 年第 7 期。

⑤ 廖传景、胡瑜、张进辅：《留守儿童安全感量表编制及常模建构》，《西南大学学报（社会科学版）》2015 年第 2 期。

守儿童对自我价值、效能，以及是否能接纳自己等的认识和评价，得分高者表现为对自己的认可、欣赏和悦纳，得分低者则表现为对自己的否定。处于青春早期的儿童容易对陌生情境、外部事件等产生过度的敏感。所以自我接纳影响着农村留守儿童的成长过程。

但是根据徐俊华等人对安徽各地区的抽样调查研究表明，该地区留守儿童的自我接纳水平偏低。他们认为留守儿童在学校的生活中常常会羡慕那些有父母接送和关爱的同伴，而留守儿童则常常产生"父母不要自己"的错误想法，进而产生较低的自我评价和自我接纳，同时他们发现农村留守儿童的自我接纳程度跟年龄相关，高中阶段留守儿童的自我接纳程度要高于小学和初中阶段[①]。

四、农村留守儿童积极心理品质研究的意义以及价值

（一）弥补以往研究的不足之处

通过查阅大量有关农村留守儿童心理研究的资料文献我们发现，以往关于农村留守儿童心理的调查或研究大多是从负面的角度入手，其分析逻辑为：找到农村留守儿童存在的心理问题，再追问分析问题形成的原因、尝试提出解决的方法或建议，而少有针对农村留守儿童的心理进行正向分析，以发挥其积极心理品质为目的的研究。而实际上，针对农村留守儿童的积极心理品质研究能在一定程度上填补既有研究的不足。

（二）积极心理品质的研究有助于留守儿童健康发展

积极心理学主张充分发挥心理品质中的积极心理品质的作用，倡导人

---

① 徐俊华、韩芬、储小燕等：《留守儿童情感能力与自我接纳的关系》，《集美大学学报（教育科学版）》2017 年第 6 期。

们用积极的心态看待事物，从而激发人阳光向上的能量，帮助人们更好地面对生活。这样的心理学理论如果运用在农村留守儿童的思想教育、心理辅导当中，同样也具有重要意义。在面对农村留守儿童生活中客观存在的家庭教育缺失、社会风气影响等不利条件时，适时地采用家校共育、社会环境熏陶等多种手段去调动他们的积极心理品质，鼓励他们克服困难健康成长，符合儿童心理发展的特点和留守儿童心理教育的目标，有助于留守儿童养成乐观向上的心理品质。将积极心理学与留守儿童的心理辅导相结合，是解决农村留守儿童心理问题的一次有力的探索，具有帮助留守儿童健康成长的现实意义。另外，通过对农村留守儿童进行积极心理品质方面的研究，我们能掌握农村留守儿童更多的心理动态，对留守儿童的心理状况有一个更全面客观的了解。这将有助于学校和一线教师增加对农村留守儿童心理状况的了解。以便他们在今后的班级管理和留守儿童的心理辅导中，能采用更有效的、更有针对性的策略，以达到更好的教育效果。所以，对农村留守儿童的积极心理品质进行研究，对农村教育质量尤其是心理教育质量的提升，有着积极且重大的意义。并且，对农村留守儿童进行积极心理品质的研究，还有助于帮助留守儿童在困境中建立自信，提高心理素质，让学生有条件在自我了解的基础上进行自我疏导，增强留守儿童的心理承受能力，有效减少农村留守儿童出现心理问题的概率，对农村留守儿童的健康成长具有重大意义。

第二章　幸福感积极心理品质的探索性研究

第一节　幸福感研究综述

一、定义

幸福感是一种心理或者情绪的状态，是一种基于自身的满足感而产生的一种愉快、欣喜、快乐的情绪。幸福感主要表现为一种积极的情绪，常常用作一个人对于生活满意度、主观幸福感的感受和表达。幸福感作为社会心理体系的一部分，受到许多复杂因素的影响，主要包括：经济因素，如就业状况、收入水平等；社会因素，如教育程度、婚姻质量等；人口因素，如性别、年龄等；文化因素，如价值观念、传统习惯等；心理因素，如民族性格、自尊程度、生活态度、个性特征、成就动机等；政治因素，如民主权利、参与机会等。自 20 世纪 60 年代以来，幸福感研究已经在各种科学学科中进行，包括老年学、社会心理学、临床和医学研究以及幸福经济学。

首先，从社会层面而言，成员的幸福感受到心理参照系的影响。例如在一个封闭的社会环境当中，社会成员的幸福感源于同等环境中的物质精神满足程度，但一旦封闭的环境受到外来因素的影响，社会成员的心理参照系便会发生改变，从而影响其幸福感程度。其次，从自我安全感角度看，个人对于自我认同的连续性、对于所生活于其中的社会环境表现出的信心，解释了个体幸福感的重要来源。最后，成就动机程度也是理解幸福感的一个重要角度。例如，当人们所达成的成绩高于自己的预期抱负时，便会感受到幸福；反之，就不会有幸福感可言。

从哲学传统上看，有关幸福的概念与理论可以归结为两种基本的类型：快乐论（hedonic）与实现论（eudemonia）。快乐论认为幸福是一种快乐的体验；实现论则认为幸福不仅仅是快乐，更是人潜能的实现，是人的本质的实现与显现。[1]

与哲学传统不同的是，现代幸福感研究从一开始就存在两种取向，即主观幸福感（Subjective well-being，简称 SWB）和心理幸福感（Psychology well-being，简称 PWB）。主观幸福感是从快乐论发展而来，认为人的幸福是由人的情感所表达的，幸福就是对生活的满意，拥有多的积极情感和少的消极情感。而心理幸福感则是由实现论演化过来的，认为幸福并不只是情感上的体验，而更应该关注个人潜能的实现。[2]

二、心理学理论渊源

（一）积极心理学

积极心理学的研究对象主要是以主观幸福感为核心的积极心理体验。丹尼尔·卡尼曼（Daniel Kahneman）指出，目前体验的快乐水平是积极

---

[1] 张陆、佐斌：《自我实现的幸福——心理幸福感研究述评》，《心理科学进展》2007 年第 1 期。

[2] Diener E, Eunkook S, Richard L, et al., *Subjective well-being: three decades of progress.* Psychological Bulletin, 1999, 125（2）: 276-302.

心理学的基本建构基础。包括主观幸福感、适宜的体验、乐观主义和快乐等，正如迪纳所言：虽然人们已经对幸福的产生与发展过程有了相当的了解，但幸福主题本身仍然存在众多值得研究的地方。特别在我国，幸福感研究刚刚起步，更有待开拓。积极心理学将成为心理学理论新的增长点。积极心理学与传统主流心理学并不是相对立的，它使传统心理学长期被忽视的两个使命重新得到重视，是对传统心理学的一种补充，拓展了心理学的研究领域，从而使原来具有片面性的心理学变得更完整、更平衡。积极心理学为心理学的发展注入了新的活力，使心理学的许多研究领域转向人的积极层面，形成了一场积极心理学的运动，改变了人们在传统意义上把心理学仅仅认为是解决心理问题、治疗心理疾病的错误认识。积极心理学的本质与目标就是寻求人类的人文关怀和终极关怀，这也是心理学的最终归宿和重要使命。随着神经生理学、脑科学、基因生物学等学科的进展，积极心理学将成为心理学理论新的增长点。[①]

作为积极心理学研究的重要课题之一，幸福感可以在经验体会和评估测定的背景下进行检验。体验性幸福感或"客观幸福"，是通过对经历的体验、回顾，对于经验的重现回忆来衡量当下的幸福。相比之下，评价性幸福感则会提出"你对你的工作满意吗"等问题，通过评估测定现状，来衡量一个人对幸福的主观想法和感受。体验性幸福感在重建记忆中不易出错，但大多数关于幸福的文献都是指评价性幸福感。

（二）心理幸福感

心理幸福感是基于实现论的幸福感研究范式，研究者认为，幸福并不只是情感上的体验，而更应该关注个人潜能的实现，从理论出发建构幸福

---

① Alan Carr：《积极心理学：有关幸福和人类优势的科学》，中国轻工业出版社 2013 年版，"序"第 9 页。

感的结构，指导幸福感测量的发展。已有的研究表明，人口学变量、人格变量和生活事件等内外因素可以较为有效地预测心理幸福感水平。[①] 心理幸福感不仅仅注重人们的情感体验如何，更重要的是注意到人们的自我发展和成长，从另一个侧面来界定和诠释幸福感，使得对幸福感的理解更加的全面和深刻。

在实现论（Eudaimonic）看来，幸福是客观的，不以自己主观意志为转移的自我完善、自我实现、自我成就，是自我潜能的完美实现。亚里士多德认为，每一个个体都是独特的，且具备其自身的功能结构，而功能结构指导每一个个体进行理性的生活。在公元前350年写的《尼各马可伦理学》一书中，亚里士多德还提出，幸福是人类唯一追求的东西，不论是荣誉、财富、健康或者友谊，最终的诉求点都在于幸福感的获得。

心理幸福感也有不同的界定。沃特曼（Waterman）认为，快乐是享乐主义的定义，而幸福感则涉及人们与真实的自我协调一致。他认为幸福发生在人们从事与深层价值最匹配的活动中，是一种全身心的投入。个人依据"真实自我"（true self）努力生活，实现自身的种种潜能（自我实现），由此产生了一种状态，Waterman 称这种状态为"个人表现"（personal expressiveness）。[②] 瑞安（Ryan）和黛西（Deci）的自我决定理论（self-determination theory，SDT）是又一个以实现论作为幸福感中心概念的理论模型，其定义一方面包括自我实现，另一方面试图指明自我实现的意义及途径。在黛西看来，自我决定不仅是个体的一种能力，还是个体的一种需要。人们拥有一种基本的内在的自我决定的倾向性，这种倾向性引导人

---

① 张陆、佐斌：《自我实现的幸福——心理幸福感研究述评》，《心理科学进展》2007 年第1 期。

② Waterman A S, Two conceptions of happiness: contrasts of personal expressiveness (eudai-monia) and hedonic enjoyment, *Journal of Personality and Social Psychology,* 1993, 64 (4): 678—691

们从事他们感兴趣的、有益于能力发展的行为，并且使人们能够灵活地适应社会环境。[1]

(三) 主观幸福感

主观幸福感是从快乐论发展而来，认为人的幸福是由人的情感所表达的，幸福就是对生活的满意，拥有多的积极情感和少的消极情感。[2] 主观幸福感是从自我的评定角度出发，重视个人的经验评价，以个人主观的标准作为衡量幸福的尺度。主观幸福在研究方法上以经验研究为主，重视第一手经验材料，进行可量化可操作的评定，重视实证操作和经验分析。艾德·迪纳于1984年开发了一个主观幸福感的三维模型，描述了人们如何体验他们的生活质量，包括情绪反应和认知判断。他假定："幸福的三个不同但往往相关的组成部分包括：频繁的积极情绪，不常见的负面影响，以及认知评估，如生活满意度。"[3]

主观幸福感是由两个方面组成的，其一为情感平衡（affective balance），其二为生活满意度（life satisfaction）。情感平衡主要表现为积极情绪和消极情绪的相互作用、整合而成的一种情感状态；生活满意度是一种认知层面的表达，表现为对生活状态或者某一特定的生活领域（例如学生对于学校生活态度）的满意程度。情绪和满意度作为主观幸福感的重要组成部分，构成了对于主观幸福感长期、稳定且持续的一种考量。

主观幸福感具有主观性、稳定性和整体性三个特征，并且，主观幸福感是一种泛化且多层面的研究领域，其中包括对生活满意度的认知，以及对消极情感和积极情感的相互整合。主观幸福感是现代社会关注的热点问

---

① 张爱卿：《动机论：迈向 21 世纪的动机心理学研究》，华中师范大学出版社 2002 年版。

② Diener E, Eunkook S, Richard L. et al., Subjective well-being: three decades of progress, *Psychological Bulletin*, 1999, 125 （2）: 276—302.

③ Diener, Ed., Subjective well-being, *Psychological Bulletin,* 1984, pp.542-575.

题，幸福感指数是衡量一个城市居民生活质量指标之一，因此，主观幸福感具有区别于传统积极心理学以外的强烈的现实意义。作为一种重要的积极心理品质，主观幸福感对人类的健康起着重要的作用。它使个体在健康与寿命、工作与收入、人际关系的维持等诸多方面受益。主观幸福感高的个体，其生活质量也高。

三、幸福感的特征

（一）心理需求

我们分析马斯洛的需求层次理论可以发现，马斯洛的需求层次是一个金字塔，描绘了人类的心理、生理需求的水平。当一个人登上金字塔顶端时，他就达到了自我实现的目的。除了满足需求的常规之外，马斯洛还设想了非凡体验的时刻，被称为高峰体验，例如深刻的爱情、理解、幸福或狂喜。在此期间，一个人会感觉到更加完整、活泼、自给自足，而且感受到自己是世界的一部分。由此我们可以设想，从心理需求角度出发，幸福感的呈现是以自我实现为目的，以主观体验为表达方式，具有自主性、体验性以及波动性。即我们从心理需求出发体验到的幸福感，可能更多的是一种随着客观情景变化的自我满足和实现，就如马斯洛所言的高峰时刻，具有特定的条件、因素以及特定的自主体验。

（二）情绪体验

我们通常用情感幸福感作为主观情绪和感受的衡量指标。可以看出，对于幸福感特征的研究不能脱离情绪体验层面，其中包括消极情绪和积极情绪。幸福感包括对生活感到满意，以及相对存在愉悦情绪或缺乏负面情绪。它不仅仅是一种情绪上的愉悦，还存在一种意义感。积极的情感体验，主要包括快乐、成就感、自豪等；消极的情感体验，则包括羞耻、郁闷、压抑等；对生活各个方面的满意度，则涵盖工作、家庭、健康、经济状况及自我等方面。幸福感主要强调个体身心的愉悦，是对情绪（正面情绪或负面情绪）、生活满意度（整体满意度、各领域满意度）的主观评价和体验，表现为一种精神性或物质性体验。[①]

四、幸福感的影响因素

（一）个体因素

在个体因素的分析中，我们主要发现性别、年龄、职业等统计学因素作用于幸福感体验的影响最为显著。

在过去的 30 多年中，女性幸福感的显著下降使得研究人员相信男性比女性更幸福。与此相反的是，皮尤研究中心的一项调查发现，总体而言，更多的女性对自己的生活感到满意。不论是男性比女性更幸福还是反之，我们都能发现性别是影响幸福感的重要因素。在生命早期，女性比男性更有可能实现目标（物质目标和家庭生活愿望），从而提高她们的生活满意度和整体幸福感。然而，男性在以后的生活中实现了自己的目标，对家庭生活和经济状况更加满意，因此，他们的整体幸福感超过了女性。可能的解释包括家庭内部的不平等分工，或者女性在情绪方面经历更多的差异（更极端）但通常更快乐。性别对幸福感的影响是矛盾的：男性幸福感普遍低于女性，然而，女性更容易患抑郁症。

锡亚马克·霍达拉希米进行了一项研究，以确定性别和年龄在积极心理学结构中的作用，包括：心理耐力、情绪智力、自我效能和幸福感。该研究的被试者是 200 名伊朗青少年和 200 名通过各种测试的年轻人。该研究发现，无论年龄大小，样本中男性的心理耐力、情绪智力、自我效能感

---

① 彭怡、陈红：《基于整合视角的幸福感内涵研析与重构》，《心理科学进展》2010 年第 7 期。

和幸福感显著高于女性。[①]

2013 年研究人员在对幸福感测量的研究过程中认识到，青少年在迅速成长阶段，开始逐渐产生对幸福感重要性的认知，由此研究人员展开了一系列历时性研究，考察年龄对于幸福感的影响因素。青少年在迅速成长阶段面临认知、社会和身体的变化，使他们成为幸福感发展的重要研究对象。在他们的研究中使用了优先的身份理论来通过自我发现和自我实现来检验身份的发展。报告说，当青少年通过跨多个领域的自我定义活动表达自己时，他们对自己、对想要实现的目标和更高的健康状况有更清晰的印象。当青少年努力实现自己设定的目标并在真正意义上实现目标时，他们可能会有更清晰的新身份和更高的幸福感。研究人员发现，当他们参与自我选择的活动时，更多的青少年会感到幸福，因为这些活动是根据他们的真实需求进行自我选择的。[②]

但是，有些群体的幸福感并无显著的性别与年龄差异，如中国学者郭建康调查了包含各个年龄段的 301 名基督徒，得出在性别与年龄上精神幸福感都没有显著差异；Velasco-González 和 Rioux 调查了法国的 133 名 60—95 岁的老年人也发现精神幸福感没有显著的性别与年龄差异，并且得出性别与年龄对精神幸福感与宗教幸福感的解释力都较小（2%— 7%）；韩国一项有关中年女性精神幸福感的研究也发现，不同年龄段（40—49 岁、50—59 岁、60—64 岁）女性的精神幸福感也没有显著差异。可见，精神幸福感在不同受测样本中的性别与年龄差异并不一致，今后研究应在样本的代表性、取样范围上加以拓展，从而力求得出精神幸福感的性别与年龄变化发展规律。

---

① Khodarahimi, *The Role of Gender on Positive Psychology Constructs in a Sample of Iranian Adolescents and Young adults*, Applied Research in Quality of Life, 2013, pp.45-51.

② Coatsworth JD, Sharp EH, *The best within us: Positive psychology perspectives on eudaimonia*, Washington, DC: American Psychological Association, 2013.

（二）社会因素

在对社会因素影响幸福感的研究中，我们发现，工作满意度、生活满意度、社会支持是影响幸福感体验的重要因素。

对工作的满意程度表现为幸福感的体验称为工作幸福感。个体对自己的工作感到满意，并体验到更多的积极情绪、更少的消极情绪。这种界定既包括工作认知评价，也包括工作积极情绪，如投入、快乐和作为情绪体验的满意。作为情绪体验的满意也被称为整体工作满意（overall job satisfaction）。[1] 虽然整体工作满意、工作快乐和工作投入都属于高愉悦情感体验，但是在唤醒维度上，整体工作满意的活跃性最低，工作快乐次之，工作投入最活跃。

社会支持（social support）在压力（stress）情景和日常生活中都普遍存在。自 20 世纪 50 年代以来，心理学、医学、社会学等学科的研究者对社会支持展开了持续的研究。社会支持包括可见的实际的支持（如直接物质援助和社会网络支持），也包括体验到的情绪上的支持（如被理解、被尊重的体验及其满意感）。实际支持，既可以是物质或服务方面的具体的直接援助，也可以是有助于解决问题的建议、指导、规劝，还可以是通过社交网络提供一种社会归属的感觉。情感支持则指的是提供共情、关注、接纳、信任、鼓励这样的支持。

基于积极心理学，采用问卷调查法，研究者通过对 859 名老年人进行调查，探讨社会支持对老年人社会幸福感的影响机制。结果表明：（1）社会支持、希望、孤独感与社会幸福感之间两两相关显著，社会支持、希望和孤独感是影响老年人社会幸福感的重要因素；（2）社会支持通过希望对社会幸福感产生影响的中介效应显著；（3）社会支持通过孤独感对社会幸

---

[1] 邹琼、佐斌、代涛涛：《工作幸福感：概念、测量水平与因果模型》，《心理科学进展》2015 年第 4 期。

福感产生影响的中介效应显著；（4）在同时检验希望和孤独感在社会支持影响社会幸福感的多重中介效应时，二者在社会支持和社会幸福感间均起部分中介作用。研究结果证实了社会支持影响社会幸福感及对希望和孤独感起到部分中介作用的心理机制。[1]

五、幸福感的测量

本课题组所完成的农村留守儿童主观幸福感的探索性研究调查使用的是在世界及国内学界普遍广泛使用的牛津幸福感问卷（修订版）（The Oxford Happiness Inventory，简称 OHI），该问卷里面共包含了 29 个题目，用来评价被试者对幸福的陈述，根据被试者的陈述计算主观幸福感总分，得分越高，幸福度越高。每题一共四个选项，由 A 到 D 依次得分为 0—3分，最后相加的总分即为主观幸福感总分，该量表测试的大多数人分数在40—42 分。牛津幸福感问卷的内部一致性信度为 0.85，量表得分与朋友评价、人格特质、应激和社会支持都有较高的相关，间隔 6 个月后再次施测所得的重测信度为 0.5 到 0.6 之间。然后再在此基础上加入人口统计学的相关数据，共计设计 45 题。

通过查阅相关资料我们发现，目前对于幸福感的量化检测主要有以下几种模型（或是测量表）。

主观幸福感量表（SHS）是一个四项量表。作为全球通用的主观幸福感测量表，该量表要求参与者使用绝对评级将自己划分为快乐或不快乐的个体，并询问他们通过描述快乐和不快乐的程度来表达自己的幸福感。

正面和负面影响时间表（PANAS）用于检测此时、今天、过去几天、

---

[1] 姚若松、郭梦诗、叶浩生：《社会支持对老年人社会幸福感的影响机制：希望与孤独感的中介作用》，《心理学报》2018 年第 10 期。

过去一周、过去几周、过去一年和一般情况下人格特质与正面或负面影响之间的关系（一般）。

生活满意度量表（SWLS）是艾德·迪纳开发的生活满意度的全球认知评估。SWLS要求一个人使用七项量表来陈述他们的同意或分歧（1＝非常不同意，4＝既不同意也不反对，7＝非常同意）以及关于他们生活的五个陈述。

2012年世界幸福报告指出，在幸福感测量中，主要区别在于认知生活评估和情绪报告。幸福被用于生命评估，如"你对自己整个生活的幸福程度的认识?"，以及情感报告，如"你现在多么幸福?"，人们似乎能够在适当的时候使用幸福感测量。在这样的语境下，通过使用这些测量方法，"世界幸福报告"确定了幸福水平最高的国家。①

通过研究可以发现，关于幸福感的测量总是基于幸福感的几种维度。以精神幸福感为例，从构成要素看，二维结构强调精神幸福感的宗教与心理社会性，三维结构强调了精神幸福感的认知评价和（或）情感体验，四维结构注重精神幸福感的来源，而多维结构则突出了精神幸福感的综合性、复杂性，认为精神幸福感还有很多需要探索的因素。② 这些观点尽管对精神幸福感的结构表述不一，但都是从不同角度诠释精神幸福感，体现了人们对此概念的认识日益深入和全面。从测量方法看，国外学者在建构的精神幸福感理论模型基础上开发编制了不同的精神幸福感量表，被医学、心理学等领域学者广泛应用于测量大学生、各类病人、员工等群体的精神幸福感。可以说，各种测量方法已被多国学者修订或使用，并被检验出具有较高的信效度，这为精神幸福感的实证研究奠定了基础。

---

① Helliwell, John, Layard, Richard, Sachs, Jeffrey, eds., *World Happiness Report 2012*.
② 徐晓波、孙超、汪凤炎：《精神幸福感：概念、测量、相关变量及干预》，《心理科学进展》2017年第2期。

六、主要研究成果

对于幸福感的本土化的研究主要分为几类，包括不同类别幸福感的特征及其整合研究；幸福感的现实社会意义；对于幸福感内涵与本土文化的结合分析；作为积极心理学重要门类的幸福感内涵、特征、测量方式的研究以及如何追求幸福感的现实意义研究。对于以上不同的研究类别，本章整合了一些典型的研究成果作为幸福感的补充介绍。

陈灿锐等学者运用元分析方法对国内有关主观幸福感与大三人格特质的关系问题进行了探讨，结果表明：（1）主观幸福感与外倾性存在正相关，与神经质、精神质存在负相关，人格特质与文化的契合性对主观幸福感与人格特质的相关有较大影响；（2）主观幸福感与大三人格之间的相关不受主观幸福感结构（总体幸福感、生活满意度、积极情感和消极情感）的影响；（3）主观幸福感与内外倾人格特质的相关受不同年龄群体的调节，而主观幸福感与神经质、精神质的关系则不受影响。[1]

喻承甫等学者通过研究感恩及其与幸福感的关系发现，感恩对于个体幸福感具有独特的预测作用，并用中介模式和调节模式两种理论对其影响机制进行了解释。感恩干预可有效增加个体感恩水平，进而提升幸福感，其策略主要包括感恩记录、感恩沉思和表达感恩行为等。明晰感恩的概念与结构、完善测量工具、拓展并深化中介与调节机制、发展有效的干预策略、开展儿童青少年研究，以及跨文化或本土化研究是该领域未来重要的研究方向。[2]

曾红等学者通过对比中国人的主观幸福感与传统文化中的幸福观发现，中国人的主观幸福感重视人际与集体的和谐，重视精神的享受。研究结果表明，幸福感的特点在很大程度上受传统文化中幸福观的影响，并且

---

[1] 陈灿锐、高艳红、申荷永：《主观幸福感与大三人格特征相关研究的元分析》，《心理科学进展》2012 年版第 1 期。

[2] 喻承甫、张卫、李董平等：《感恩及其与幸福感的关系》，《心理科学进展》2010 年第 7 期。

分别分析中国传统文化中的儒、道、佛三大流派独特的幸福观。① 此外，曾红等学者还提出，在对中国人的幸福感进行研究的过程中，应该注重方法的创新，结合文化心理与生理心理学，利用神经心理学的最新方法进行革新。

第二节　农村留守儿童主观幸福感的探索性研究

随着我国经济的迅速发展，城市化进程加快，农村人口流动量大，尤其是大量青壮年农民进城务工，从而导致了广大农村地区产生了大量的留守儿童。那么，这一大群体的主观幸福感水平如何？对这一问题展开探索，不仅是时代发展的要求，更是社会持续和谐稳定发展的呼唤。

"农村留守儿童"，是指父母双方或一方从农村流动到其他地区，孩子留在户籍所在地的农村地区，并因此不能和父母双方共同生活在一起的儿童。在本研究中对儿童的年龄进行限定，采取随机抽样法，将重点关注及研究重庆市某县某小学三至六年级的农村留守儿童。

众所周知，农村留守儿童的抚养方式也是不统一的。抚养主要是指长辈（指父母、祖父母等）对晚辈（指子女、孙子女等）的抚育和教养，而抚养方式在广义上可大致分为"双亲抚养"和"非双亲抚养"两大主要类型。由于本研究主要针对农村留守儿童，所以将抚养方式限定在"非双亲抚养"中的隔代抚养、父亲或母亲单独抚养以及亲友监护人抚养这几种方式上，并通过本调查来探讨抚养方式对农村留守儿童主观幸福感的影响。主观幸福感（subjective well—being，简称 SWB）是由情感平衡和生活满意度所构成的，指个体依据自己设定的标准对自己生活的质量所做出的整

---

① 曾红、郭斯萍：《"乐"——中国人的主观幸福感与传统文化中的幸福观》，《心理学报》2012 年第 7 期。

体评价，即个体对目前生活与自己心目中理想的生活进行对比后，表现出的对目前生活的一种肯定的态度和感受。

一、对象与方法

（一）调查目的

采用问卷调查法对重庆市某县某小学三至六年级学生（包括留守儿童和非留守儿童）进行调查，了解当地抚养方式对农村留守儿童主观幸福感的影响，为我县相关学校以及教育部门制定相关教育对策提供数据资料。

（二）调查对象

"农村留守儿童"，是指父母双方或一方从农村流动到其他地区，孩子留在户籍所在地的农村地区，并因此不能和父母双方共同生活在一起的儿童。本研究采取随机抽样法，将重点关注及研究重庆市某县某小学三至六年级的农村留守儿童。

（三）调查过程

在重庆市某县某小学，对该校三至六年级的学生进行问卷发放调查。一共发放 500 份调查问卷，回收 486 份问卷，剔除其中被试者未完整填写的问卷和被试者未通过测谎题的 135 份无效问卷，最后得到本研究所需要的有效问卷 351 份。其中回收率为 97.2%，有效回收率为 72.2%。

（四）调查方法

1. 研究工具

本次调查使用的是在世界及国内调查主观幸福感广泛使用的牛津幸福感问卷（修订版）（The Oxford HappinessInventory，简称 OHI）（问卷见附录一），该问卷里面共包含了 29 个题目，用来评价被试者对幸福的陈述，根据被试者的陈述计算主观幸福感总分，得分越高，幸福度越高。每题一共四个选项，由 A 到 D 依次得分为 0—3 分，最后相加的总分即为主观幸福感总分，该量表测试的大多数人分数在 40—42 分。牛津幸福感问卷的内部一致性信度为 0.85，量表得分与朋友评价、人格特质、应激和社会支持都有较高的相关，间隔 6 个月后再次施测所得的重测信度为 0.5 到 0.6 之间。然后再在此基础上加入人口统计学的相关调查项目，共计设计 45 题，可参见附录。

2. 施测方法

课题组研究人员通过课余时间与班主任进行协商之后，到班级对学生进行全面的研究目的以及答题方法的培训讲解之后，学生现场进行问卷填写。

3. 统计方法

回收有效问卷 351 份，通过 SPSS24.0 软件、Excel2010 表格和人工统计相结合的方法进行数据处理与分析。

二、调查结果与分析

（一）人口统计学构成情况

此次共对该县某小学 500 名农村三至六年级小学生进行调查，最后获得有效问卷 351 份。其中留守儿童（监护人为非双亲抚养，即父亲或母亲单独抚养、祖辈隔代抚养、亲朋抚养）共计 278 人，占总数的 79.2%；非留守儿童（监护人为父母双方）共计 73 人，占总数的 20.8%。女生共计 187 人，占总调查儿童数的 53.3%；男生共计 164 人，占总调查儿童数的 46.7%。三年级占总调查儿童数的 14.8%，共计 52 人；四年级占总调查儿童数的 18.2%，共计 64 人；五年级占总调查儿童数的 33.1%，共计

116 人；六年级占总调查儿童数的 33.9%，共计 119 人。父亲抚养的留守儿童共 25 人，占总数的 7.1%；母亲抚养的留守儿童共 134 人，占总数的 38.2%；隔代抚养的留守儿童共 98 人，占总数的 27.9%；亲友抚养的留守儿童共 21 人，占总数的 6.0%；双亲抚养的非留守儿童共 73 人，占总数的 20.8%。独生子女共计 14 人，占总调查儿童数的 4.0%；非独生子女共计 334 人，占总调查儿童数的 96%。如表 2—2—1 所示。

表 2—2—1 样本基本情况表

		人数（人）	百分比（%）	有效百分比（%）	累计百分比（%）
性别	女	187	53.3	53.3	53.3
	男	164	46.7	46.7	100.0
年级	三	52	14.8	14.8	14.8
	四	64	18.2	18.2	33.0
	五	116	33.1	33.1	66.1
	六	119	33.9	33.9	100.0
监护人	父母双方	73	20.8	20.8	20.8
	爸爸	25	7.1	7.1	27.9
	妈妈	134	38.2	38.2	66.1
	祖辈	98	27.9	27.9	94.0
	亲戚朋友	21	6.0	6.0	100.0

（二）农村留守儿童与非留守儿童的主观幸福感

在此次调查中，参与儿童的性别、年级情况、是否为独生女与主观幸福感的描述性统计结果如表 2—2—2 所示。

表 2—2—2 不同类型儿童描述统计及方差分析结果

		留守儿童（SWB）	非留守儿童（SWB）	总体（SWB）
性别	男	M=42.46 SD=11.32	M=46.00 SD=11.87	M=43.20 SD=11.53
	女	M=44.88 SD=11.88	M=51.6 SD=11.56	M=46.30 SD=12.11

续表

		留守儿童（SWB）	非留守儿童（SWB）	总体（SWB）
年级	三	M=44.66 SD=8.20	M=50.1 SD=12.99	M=45.50 SD=11.17
	四	M=41.00 SD=13.57	M=50.18 SD=8.78	M=42.58 SD=13.33
	五	M=42.77 SD=9.65	M=46.65 SD=9.45	M=43.74 SD=9.75
	六	M=45.79 SD=12.31	M=50.00 SD=13.57	M=46.87 SD=13.03
是否为独生子女	是	M=39.30 SD=7.17	M=53.00 SD=10.00	M=41.00 SD=9.22
	否	M=43.70 SD=12.58	M=48.60 SD=11.48	M=45.01 SD=12.02

（三）不同抚养方式对农村留守儿童主观幸福感的影响分析

1. 留守儿童中隔代抚养与亲友监护人抚养对主观幸福感的影响分析

本研究采用了独立样本 t 检验，其中，t 值越大，其概率 p 就越小。根据研究结果，在抚养方式中，隔代抚养与亲戚朋友抚养的农村留守儿童主观幸福感如下，详见表2—2—3。

表2—2—3　隔代抚养与亲友抚养下的留守儿童主观幸福感对比

	监护人	个案数	SWB	t
主观幸福感	隔代抚养	98	M=42.81 SD=12.792	1.548
	亲戚朋友	21	M=41.14 SD=11.825	

从上表得知：t=1.548，P<0.05，因此农村留守儿童中隔代抚养的主观幸福感（M=42.81，SD=12.792）高于亲友抚养的主观幸福感（M=41.14，SD=11.825），且在统计学上差异显著。

2. 留守儿童中隔代抚养、亲友抚养与母亲抚养对主观幸福感的影响分析

对于研究隔代抚养与母亲抚养同样使用的是独立样本 t 检验。见表 2—2—4、表 2—2—5。

表 2—2—4　隔代抚养与母亲抚养的留守儿童主观幸福感对比

	监护人	个案数	SWB	t
主观幸福感	隔代抚养	98	M=42.81 SD=12.792	2.158
	母亲抚养	134	M=44.67 SD=11.128	

表 2—2—5　亲友抚养与母亲抚养的留守儿童主观幸福感对比

	监护人	个案数	SWB	t
主观幸福感	亲友抚养	21	M=41.14 SD=11.825	2.281
	母亲抚养	134	M=44.67 SD=11.128	

据结果显示，母亲抚养的主观幸福感（M=44.67，SD=11.128）和隔代抚养的主观幸福感（M=42.81，SD=12.792）存在显著性差异，t=2.158，P<0.01；母亲抚养的主观幸福感和亲友抚养的主观幸福感（M=41.14，SD=11.825）存在显著性差异，t=2.281，P<0.01。因此在这两组之间，都分别存在显著性差异，且具有统计学意义。

3. 父亲抚养与母亲抚养下农村留守儿童的主观幸福感分析

表 2—2—6　父亲抚养与母亲抚养留守儿童的主观幸福感对比

	监护人	个案数	SWB	t
主观幸福感	母亲抚养	134	M=44.67 SD=11.128	.020
	父亲抚养	25	M=44.72 SD=10.106	

据表 2—2—6 显示，t=.020，P>0.05，母亲抚养的农村留守儿童主观幸福感（M=44.67，SD=11.128）与父亲抚养儿童的主观幸福感（M=44.72，SD=10.106）之间无统计学意义上的显著差异。

三、讨论

（一）不同类型留守儿童主观幸福感分析

在对农村留守儿童的主观幸福感所进行的比较中，性别差异是显著的（$P<0.01$），女童的主观幸福感（M=44.88，SD=11.880）高于男童（M=42.46，SD=11.320），这个结果和非留守儿童是一致的（M 女 =51.60，SD=11.560；M 男 =46.00，SD=11.870）。在前有研究中，张丽芳提出，在留守儿童中，女童的主观幸福感要高于男童的主观幸福感；而近年来喻永婷发现，留守女童在某些因素上主观幸福感是要低于男童的。因此，在性别方面，目前还存在不同的结论。与此同时，也说明这个问题在将来的研究中可以继续深入探讨下去。

（二）农村留守儿童与非留守儿童的主观幸福感分析

本研究发现，留守儿童主观幸福感（M=43.75，SD=11.706）要低于非留守儿童（M=49.04，SD=12.090），$P<0.05$，这结果与刘宾的调查结果一致，但不同的是，农村留守儿童的主观幸福感并不是特别不乐观，通过牛津幸福感问卷的调查结果显示，先前被测大部分人的得分会在40—42分。而本研究中使用牛津幸福感问卷测试出的结果显示，农村留守儿童的主观幸福感平均分为43.75，大部分在40—46分，因此还是十分乐观的。

（三）不同抚养方式对农村留守儿童主观幸福感影响分析

本研究发现，从抚养方式这一维度上来看，父亲抚养（M=44.72，SD=10.106）和母亲抚养（M=44.67，SD=11.128）的农村留守儿童主观幸福感指数上都显著高于隔代抚养（M=42.81，SD=12.792）和亲友抚养（M=41.14，SD=11.825）；相对于后两者，祖辈隔代抚养、亲友抚养来说，隔代抚养又要略高于亲友抚养，但是从样本量推算显示，在当前农村留守儿童中，父母将孩子交由祖辈抚养的多于交由亲友抚养。而从主观幸福感这一维度来说，在父母都不能监护的情况之下，小学阶段的儿童由祖辈抚养要多于亲友监护。尽管"隔代抚养"受到很多质疑，但本研究发现，祖辈隔代抚养的留守儿童主观幸福感是要高于亲友抚养的留守儿童，因此，建议父母在不得不选择监护人的时候可以优先考虑祖辈隔代抚养。在父亲抚养和母亲抚养两者之间，通过主观幸福感这一维度来看，并无明显差异，但是从统计学意义上来看，由母亲抚养的农村留守儿童数量明显多于父亲抚养，且在本研究所研究的四种主要抚养方式中，数量也是最多的。

第三节　研究发现及反思

一、研究发现

通过本课题组上述研究，我们发现：

1.农村留守儿童与非留守儿童在主观幸福感上存在一定差异，但是差异并不显著。留守儿童在成长过程中虽然难免会缺失掉一些东西，比如说家庭温暖、亲子关系等，使得他们会受到一些负面影响。但在问卷调查中发现，留守儿童在回答"爸爸妈妈外出务工或其中一方外出务工会多长时间和你联系一次"此题中，选"每天"的占42.5%，选"一月至一周"的占34.5%。由此可见，根据本调查研究的结果来说，大部分留守儿童与外出务工的父母亲联系频率不算太低，这可能也是保证其主观幸福感免受消极影响的一个重要因素。

2.隔代抚养的农村留守儿童与亲友抚养的农村留守儿童的主观幸福感

存在差异。隔代抚养的儿童主观幸福感要高于亲友抚养下的儿童，因此对于亲友抚养的农村留守儿童，建议给予更多的关注。

3. 母亲抚养的农村留守儿童与隔代抚养、亲友抚养的农村留守儿童主观幸福感存在显著差异。因此在外出务工上，建议尽量减少母亲外出的时间，多让母亲陪伴孩子成长。

4. 母亲抚养的农村留守儿童与父亲抚养的农村留守儿童主观幸福感无显著差异。但是母亲抚养或父亲抚养下的农村留守儿童主观幸福感均要明显高于隔代抚养和亲友抚养下的儿童，因此，建议父母要尽量多花时间陪伴孩子成长。

二、研究反思

（一）家庭方面

在条件允许的情况下，首先，父母要减少外出务工时间，或者选择尽量就近务工，从而有更多的时间陪伴孩子成长。

其次，尽量减少父母双方一起外出，至少留一人亲自抚养，这也会减少孩子成长所受的伤害。由于受"男主外，女主内"传统思想的影响，大多数的家庭是父亲务工，母亲抚养孩子，从而使孩子在性格形成方面存在一定的问题。因此，在条件允许的情况下，建议父亲花更多的时间陪伴孩子成长；在只能由母亲单独抚养的条件下，母亲由于需要照顾家庭、教育孩子，且容易受到一些传统消极思想的影响，因此，建议留守儿童的母亲要学会调整自己的心态，消除自己的消极的情绪，找到合适的方法多与孩子相沟通，建立一个良好的亲子关系，为孩子营造一个良好的家庭氛围，促进孩子的健康成长。

最后，针对把孩子交由祖辈抚养和亲友抚养的家庭，建议家长必须更加重视与孩子的沟通。若抚养者为祖辈的老人，那么首先需要和老人沟通，在孩子的教育方面，需要和孩子父母亲保持一致，不能过于溺爱放纵；其次需要多和孩子沟通联系，随时掌握孩子的动态，对孩子提出合理的要求，并通过一些鼓励原则来激励孩子，让孩子清楚尽管父母不在身边，自己也有一个良好的家庭环境。若抚养者为亲友，那么家长在挑选亲友监护人的时候，一定要严格，要找一个对孩子负责，且家庭关系氛围良好的亲友监护人，这对于孩子的成长和学习是非常关键的。

（二）学校方面

在农村地区，留守儿童是一个大群体，也是一个特殊群体，更是教育过程中的一个不能忽视的群体，学校方面需要更加关注这一群体。

首先，学校可以建立留守儿童档案袋，便于学校和教师长期观察这个群体的发展；其次，学校要加强对教师的培养，而作为教师者本身而言，也要提高自身的修养素质，定期开展相关的主题活动，多加强与留守儿童的沟通，建立良好的师生关系，使得孩子在学校有一个良好的学习氛围；再者，教师要多与留守儿童的家长沟通联系，教育问题不可能是一个单方面的问题，家校沟通是一个很好的方式，因此除了电话或网络联系，也要尽可能地多对留守儿童进行家访；最后，加强同伴关系，对于孩子们来说，学校的同伴是他们相处时间最长的群体，因此利用好同伴关系这一资源，对于留守儿童的成长来说也是很有帮助的。

总之，学校需要建立良好的校园氛围，共同努力。无论是对于留守还是非留守儿童来说，这样去努力都是很有效的帮助，并且能够提升他们的主观幸福感水平。

三、寻求幸福感

我们在研究幸福感的时候，总是从什么是幸福感这个议题出发，最后回归到如何提升现有的幸福感，如何获得幸福感的最终议题中去。寻求幸福感不仅是研究者更是所有人所毕生追求的。

清华大学心理学系教授、伯克利加州大学心理学终身教授、社会及人格心理学专业主任彭凯平表示，经济发展与幸福感提升形成的"幸福悖论"，有着深层次的心理学原因。总体来看，有以下几点原因：

（1）对物质欲望的过度追求。现代人拼命地挣钱，车子、房子、票子等一系列物质享受成为了唯一的追求，在物欲中迷失了自己，对幸福感的定义往往偏离了自己的既行轨道，一旦当人追求的不是自己能够把握住的幸福时，往往是无法得到幸福的。

（2）对基本信念的缺失。从改革开放之后，经过三十多年财富的追逐和累积，有些人一生忙忙碌碌除了金钱的累积，似乎不知道自己的目标是什么，走得太远而忘记了自己为什么出发，没有信念的指南针，很难抵达幸福的彼岸。

（3）人与人之间的不信任。在互联网时代，人与人之间的时空距离虽然缩短了，但心灵却渐渐疏远了。如今的人越来越倾向于"右脑"思维模式，而右脑掌管个体、权力、地位等，对于幸福的感受度是0。幸福感来自左脑的感受，很多时候不是生活中的幸福少了，而是人们不再掌握感受幸福的能力。

（4）过于忧虑。经济问题、子女教育、父母养老、职业、人际关系无一不成为加剧现代人忧虑的问题。忧虑让人们无法获得心理幸福。

对于绝大多数人来说，拥有充足的储蓄是幸福的前提，成为了随心所欲过自己喜欢生活的前提。但幸福的构成元素不只是金钱。幸福是拥有金钱都买不来的奢侈品——健康，没有疾病没有天灾；幸福是和家人、朋友相聚的快乐时光，是珍惜当下的知足；幸福是能够拥有平等受教育的机会，能够通过自己的奋斗达到目标实现梦想。

现代社会有许多人获得了可以带来幸福的事物，但还是很少感到幸福。甚至，他们不清楚幸福到底是一种怎么样的感觉。那么，到底什么是幸福？为什么我们无法感到幸福，而什么能给我们带来幸福呢？冯·希伯尔教授说，在带孩子时，人们常常感到的快乐与痛苦就和做家务差不多，远远不及看电视时感到的快乐；但当事后回想起来，人们却觉得带孩子令他们幸福，而不会说"看电视让我幸福"。这可能主要是因为，当我们回忆时，对一段经历作出评价主要参考的是故事的高潮和结局，而中间部分则往往被忽略，这又叫峰终定律（peak-end rule）。也就是说，记忆的幸福是峰值和结局的平均值。

而落实到农村留守儿童这一特定群体，如前所述，根据优生身份理论来进行的研究发现，当青少年努力实现自己设定的目标并在真正意义上实现目标时，他们可能会有更清晰的新身份和更高的幸福感；当他们参与自我选择的活动时，更多的青少年会感到幸福，因为这些活动是根据他们的真实需求进行自我选择的。因此，在对农村留守儿童的教育中，建议教育者引导他们去设定自己的目标，并努力在真正意义上实现目标，并且尽可能让农村留守儿童多参与自我选择的活动，各方合力创造条件，让留守儿童可以根据自己的真实需求进行自我选择。上述教育策略的实施，很大可能会从实质上提升农村留守儿童的主观幸福感。

本章研究主要探讨了抚养方式对农村留守儿童主观幸福感的影响，并发现不同抚养方式下的儿童在主观幸福感上存在着差异，这为关注并提升农村留守儿童主观幸福感方面提供了一些数据资料。但是由于本研究的样本量不够大，因此在接下来的研究中有必要进一步扩大样本量，使得数据更加全面。同时我们也要正视不同抚养方式下的农村留守儿童的成长，关注其主观幸福感，结合家庭、学校及社会等各方面的力量，给予这个群体更多的关爱，促进他们茁壮成长。

如上所述，本研究探讨了农村留守儿童这一群体主观幸福感的一些情况，并提出了一些针对性的建议。旨在可以提升广大农村留守儿童的主观幸福感水平，帮助更多的农村留守儿童获得主观幸福感。力图通过探求相关的"深层次的心理学原因"，打破经济发展与幸福感提升形成的"幸福悖论"，促进社会的稳定和谐发展。

第三章　自尊积极心理品质的探索性研究

第一节　自尊研究综述

一、自尊的定义

从自尊含义的辞源学进行分析，"self-esteem"主要是指个体对自我具有较高的评价与认同，意指自负、自大。从辞源学的角度，自尊包含了对自我正向积极的评价和感受。

自 20 世纪 80 年代以来，国际心理学界对自尊的研究越来越多。人们对自尊的研究充满了关注、热情和希望，将其引入到个人发展、学校教育、社会问题的解决以及企业和集团的发展中。自尊作为一种"独特的心理构造的认同"这一观点，是由哲学家、心理学家、地质学家、人类学家威廉·詹姆斯 1980 年在《心理学原理》这本书中提出的，他认为自尊 = 成功/抱负，从公式中可以知道自尊是由个体的实际成就和潜在能力决定的，自尊的提高要考虑多方面的因素，其中最重要的就是成功和对成功的期待。

社会学家怀特（White）认为，自尊主要源于他人的评价，他说："自尊主要根植于人们的效能感，而不是建立在他人的努力或者环境提供的条件上"。库利（Cooley）认为，自尊是对自我进行评价后伴有某种情绪的自我体验、自我概念，这种自我概念是个体在社会交往过程中在别人对自己的评价中形成和不断巩固的关于自己的形象。与詹姆斯（James）侧重于实际成就不同，莫里斯·罗森伯格（Morris Rosenberg）和库珀·斯密斯（Cooper Smith）都是从认知评价的角度对自尊进行阐述的。20世纪60年代中期，社会学家莫里斯·罗森伯格将自尊定义为一种自我价值感，是对自我这一特殊客体的积极或消极态度，并开发了罗森伯格自尊量表（RSES），成为社会科学中使用最广泛的衡量自尊的量表。库珀·斯密斯认为，自尊是伴随个体对自己是否重要、是否有价值进行判断，以及对这种判断的相信程度而产生的一种主观性态度。他认为影响自尊的三个方面是：父母的温暖、明确界定的限制、被尊重。这三方面对自尊的影响是通过个体的学习实现的，他将自尊指向了个体的客观行动表现，而不仅仅停留在主观体验上。1969年布兰登从整合的角度出发，认为自尊是个体自我效能感和个体自我价值感的结合，即是自信心和自我尊敬相互影响的一种整合性结构，是个体相信自己值得生活下去并且有能力生活的理念。1992年，政治学家弗朗西斯·福山（Francis Fukuyama）将自尊与柏拉图所称的胸腺机能（thymos）联系在一起——胸腺机能是柏拉图精神的"灵性"部分。自1997年起，核心自我评价方法将自尊作为构成自我基本评价的四个维度之一，同时还包括控制点、神经质和自我效能感。2005年，克尼斯和戈德曼认为，自尊指的是个体对自己所作并通常持有的估价，它表明了一种同意或者不同意的态度，表示的是在多大程度上个人认为自己是成功的、有能力并且有价值的。换言之，它也是一种个人的价值判断，表现为个人对自我的态度。斯梅尔瑟根据前人提出的不同观点对自尊的定义进行了分析，发现不同的定义大都包括三个方面：认知成分、情感成分和评价成分。

在国内，林崇德认为，自尊是自我意识中与自尊需要相联系的、具有评价意义的自我的态度体验。黄希庭和杨雄认为，自尊是"个人在社会生活中，认知和评价作为客体的自我对社会主体（包括群体和他人）以及作为主体的自我的正向的自我情感体验"。张索玲提出，自尊是个体在社会化过程中所获得的有关自我价值的积极评价与体验。刘婧等认为，自尊是在社会生活中自我的正向情感体验中的认知和评价。潘颖秋认为，自尊是个体在社会化的过程中形成的对自我价值的情感体验和评价。

自尊的发展经历了多个时期，随着学者们的深入研究，自尊的定义逐步由认知取向转向了情感取向，开始强调个体的主观感受和情绪、情感体验，学者们将自尊的认知、评价与情感体验结合起来进行定义，更强调知、情、意之间的相互联系与作用。尽管目前对于自尊没有一个统一的定义，但是从国内外学者的观点梳理中，我们可以总结出自尊的特点，即自尊是个体评价自身的社会角色的结果，并且是通过社会比较而形成的。同时，自尊是个人对自我价值和自我能力的情感体验，属于自我认知系统中的情感成分，并且具有一定的评价意义。

二、自尊的结构模型

随着自尊理论研究的发展，学者们普遍认为自尊是由多种成分组成的，不同成分之间相互作用，针对不同的组成成分和相互作用的模式，学者们提出了许多种自尊的结构模型假设。从一维到二维、三维、四维、六维、八维甚至多维，学者们对于自尊的研究视野不断拓宽。

詹姆斯·华生认为，自尊是指个人的成就感，取决于在实现个人目标的过程中成功或失败的感觉。自尊是一维结构模型，重要的是个体对所获得结果的重要性的主观评价，是个体对所获得结果的认知过程。波普与麦克海尔认为，自尊是二维结构，知觉的自我（perceived self）和理想的自我（ideal-self）两个维度是自尊的两个主要构成。前者强调自我概念，是个体对自己是否具有各种技能、特征和品质的客观认识。后者是个体希望成为什么人，想拥有某种特性的真诚愿望。罗森伯格、斯库勒和舍恩巴赫使用非递归结构方程模型，探讨总体自尊与青少年违法行为、学业成绩和抑郁之间的关系，发现总体自尊是由对自我的积极和消极态度组成的。此外还有其他研究者对量表的 10 个条目进行因子分析，结果表明因子分析的比例反映了二维结构，即积极的自我形象和消极的自我形象，因此罗森伯格（Rosenberg）自尊量表是由两个因素构成的，即自我肯定和自我否定，属于二维模型。三维模型结构是由斯特芬哈根和伯恩斯提出的，他们认为物质模型、超然模型与自我力量意识模型三个模型是自尊的三个部分。而在对中国 3—9 岁儿童自尊研究过程中，国内学者杨丽珠教授发现，自尊主要由重要感、自我胜任感与外表感三个维度构成。四维结构模型是由库珀斯密斯提出的，他在研究中指出自尊的四个方面包括重要性、能力、品德、权力。重要性，即是否感到自己受到生活中重要人物的喜爱和赞赏；能力，即是否具有完成他人认为很重要的任务的能力；品德，即是否达到伦理标准和道德标准的程度；权力，即影响自己生活和他人生活的程度。

1990 年扬斯提出了自尊心理的六维结构模型，生理上的安全感（远离对身体的伤害）、情感上的可靠感、安全感（没有胁迫和恐惧）、自我认同感、归属感、胜任感（来自力量的支持感）和意义感。巴恩登最关注的是我们如何建立健康的自尊，如何实践于自身并促进或鼓励他人也获得自尊，他从实践的角度提出自尊有以下六个维度，分别是有意识地生活、自我接受、自我负责、自我维护、有目的地生活和个人诚实。中国学者魏运华通过研究中国儿童的自尊发现，自尊的心理结构包括外表、体育运动、能力、成就感、纪律、公德与助人六个因素。麦伯亚将自尊的心理结构分为八个方面，分别是健康、情绪稳定性、生理外貌、家庭因素、生理能力、音乐能力、学校因素、同伴关系。自尊的结构模型从一维发展到八维逐渐开拓了人们的视野,自尊的多维度模型应运而生,逐渐成为学者们研究的主流。1976年,沙维尔森等人提出自尊的结构是一种有层次的多维模型,该模型把自尊的结构分为许多层次。自尊从一维结构发展到多维结构模型,使得自尊包括的范围越来越广,这有利于人们从多方面研究自尊及其影响因素,加深人们对自尊的认识。

三、自尊的测量

关于自尊的评定,自尊的测量分为间接测量和直接测量两大类。

(一) 直接测量

直接测量量表因为内部一致性信度高、重测信度高、具有良好的预测效度、操作统计的方便等原因得到了广泛的运用。心理学界认为,到目前为止量表法仍然是测评自尊最有效的方法。目前,国内外测量自尊的量表有很多种,国外如:缺陷感量表 (The Feelings of Inadquacy Scale,FIS)、自尊调查表 (The Self -Esteem Inventory,SEI)、自我描述问卷 (Self Description Questionnaire,SDQ)、自尊量表 (The Self–Esteem Scale,SES) 等,国内如青少年自我价值感量表、儿童自尊量表等。

1. 罗森伯格自尊量表 (SES)

罗森伯格在1965年编制了自尊量表 (SES),也被称为总体自尊量表,可用于个体对于自我态度信息的收集,主要包括个体自我价值与自我接纳两个方面的整体感受。该量表共10个条目,要求参与者表明自己对一系列自我陈述的认同程度,一半是正向计分题一半是反向计分题。采取4级评分,量表得分越高,表明个体自尊水平越高。尽管目前国际上自尊量表非常多,但是罗森伯格 (Rosenberg) 自尊量表是目前应用最广泛的一种,具有较高的权威性。

2. 缺陷感量表（The Feelings of Inadquacy Scale, FIS）

缺陷感量表由詹尼斯及菲克德于1959编制，量表由五个分量表组成，采用七级评分，共33条项目，旨在通过分析个体的缺陷感、自卑、自我敏感和社交焦虑对自尊进行测量，自尊越低的个体，缺陷感越强，在量表上得分也就越低。

3. 自尊调查表（The Self-Esteem Inventory, SEI）

自尊调查表取自罗杰斯及戴蒙德和库珀斯密斯的研究，该量表用于评定个体在个人、社会、家庭、学术四个方面对自己的态度，通过评分高低来呈现被调查者自尊的高低。该量表由四个分量表以及一个测谎量表组成，共58条项目，其中包括8条测谎项目，该量表采用1和0评分的方式，被试通过选择"像我"或是"不像我"来回答。

4. 自我描述问卷（Self Description Questionnaire, SDQ）

马西、斯密斯和巴恩斯前后编制了三种自我描述问卷，分别称为Ⅰ型、Ⅱ型和Ⅲ型，其中自我描述问卷Ⅱ型的使用范围是7—10年级的中学生，该量表由十一个分量表构成，共102个项目，如"我很笨，所以进不了大学""总的来说，我做的事情绝大多数都是对的"。

5. 库珀史密斯调查问卷（Coopersmith Inventory）

对各种话题进行了50个问题的调查，询问受试者对某人的评价是与之相似还是不同。如果受试者的回答表现出了强烈的自我关注，那么量表就会认为受试者的回答经过了很好的调整。如果这些答案揭示了他们内心的羞耻感，就会认为他们容易出现社会偏差。

6. 国内量表

国内的量表有黄庭希、杨建雄编制的青少年价值感量表。该量表共50题，采用五点计分，分值越高则自我价值感越高。还有吴欣怡与张景媛编制的自尊问卷，该问卷具有47个题目，采用五点计分的方法，得分越高表示自尊水平越高，但是该量表在我国的普及度较低。

（二）间接测量

虽然直接测量有种种优点，但因为被试的自我展示、维持自己形象的需要，可能导致被试报告出不真实的自尊水平，所以出现了间接测量自尊的工具，并开始不断被一些学者运用在学术研究中。当然任何方法都不是完美的，间接测量的缺点是烦琐、耗时长，另外汇聚效度低、预测能力有限。

1.内隐自尊测量法

20世纪80年代开始使用内隐自尊测量法。通过测量自我有关的词和积极的词、非自我有关的词和消极的词的反应时，包括姓名字母任务等，然后测量自我有关的词和消极的词、非自我有关的词和积极的词的反应时，对比前后反应时差别，来测量内隐自尊。这些间接措施旨在减少对评估过程的认识。当被用来评估内隐自尊时，心理学家对参与者进行自我相关刺激，然后测量一个人识别积极或消极刺激的速度。

2.词汇完成测验

该测验的启动条件是在电脑屏幕上呈现相关描述个人特点的词，让被试者判断与自己的符合程度，然后再要求被试者把残缺词补充完整，高自尊的人会比低自尊的人更倾向于填写积极的词。

四、自尊的相关理论

（一）恐惧管理理论

杰夫·格林格等人在1986年提出了恐惧管理理论。这一理论源于人们因为对死亡的恐惧而产生了文化世界观，认为人们可以在这种文化世界观中感受到自己的价值，感受到死亡的超越性，从而减少死亡恐惧。因此在该理论中他们将自尊看作是对自我的评价和感受，自尊有一种保护功能，可以减少生活和死亡中的恐惧。该理论提出了人们获得自尊的两种途径：一是认为自己的文化世界观是正确的，二是认为自己所遵循的价值标准是文化世界观的一部分。个体依从度越高，个体价值越接近价值标准，个体自我价值越高。

（二）早期自尊理论

早期的许多理论把自尊看作人类的一种基本需要或动机。美国心理学家马斯洛总结了尊重对于人类的必要性。他认为有两种形式的尊重：其一源于他人，包括他人的认可、钦佩和成功；其二源于自身，表现为自信、技能和天赋。相对于来自自我内心的尊重即自尊，来自他人的尊重更脆弱、更容易被破坏。马斯洛认为，如果没有满足自尊的需要，个体就会被迫去寻求自尊，这就会阻碍个体的成长与自我实现。

（三）社会计量器理论

该理论认为，自尊反映人际关系的质量，并发挥人际关系量表的作用。当个体处于良好的人际关系时，个人会感受到更高的自尊，当人际关系出现问题时，自尊作为一个社会计量信号，促使个体感受到抑郁、低落情绪和自尊水平下降，以促进个体采取行动改善人际关系达到一个高水平的自尊。这一理论也认为，对别人的接受度越高，个人自尊越会增加，所以提高个人幸福感并不是因为自尊水平的增加，而是个体感受到他人的接纳和重视程度得到提升，因此，自尊在该理论中被认为逐步变成了检验个体的地位水平和在社会团体中接受度的计量器。

（四）自尊同一性理论

卡斯特和伯克提出的自尊同一性理论认为，自尊可以起到缓冲个体消极情绪的作用。个体在进行自我验证时，会对现实中的自我与期待中的自我进行同一性匹配，为了避免因不匹配所导致的消极体验，自尊会引导个体改变认知，保证匹配的同一性。

五、自尊的影响因素研究

从个体发育过程来看，儿童长到 3 岁以后，他的经验活动开始超出躯体感，通过自我躯体的体会和同别人的复杂相互作用，自我概念初步形成，自我感觉转化为自我意识，有了自我意识，自尊便开始萌芽。国内外关于自尊发展的研究主要集中在儿童、学生两大群体，该阶段的自尊发展对成年后的自尊水平有重要影响。目前关于自尊的影响因素研究成果已经颇为丰富，主要概括为家庭因素、个人因素、学校因素与社会文化因素。这些因素相互作用，影响着个体尤其是儿童自尊的发展，而其中家庭因素贯穿于个体自尊发展的整个过程，起到的作用尤为巨大。

（一）家庭因素

家庭是人们出生后接触的第一个社会载体，对人的一生发展都具有深远的影响，它对个体自尊的发展起到了主导作用。

1. 教养方式

国内外研究一致认为，父母教养方式对孩子自尊发展作用十分重要。国内学者魏运华认为，父母对儿童采用温暖与理解包容的教养方式会使儿童形成积极的自尊；反之则降低儿童的自尊水平，影响到儿童自尊的健康发展。库珀斯密斯对儿童形成高自尊的原因进行分析，结果发现，高自尊儿童父母的教养方式具有如下共同点：接受、喜爱、关心、参与、严格、赞成非强制性的纪律要求、民主。针对"民主"，库珀斯密斯认为民主的家庭有利于孩子自尊的发展，而那些把孩子作为自己生活的中心，都围绕在孩子身边的父母并不总是"最好"的父母。张和杨的研究结果与库珀斯密斯的相似，他们认为民主的教养方式与自尊有正相关关系，民主的教养方式有助于高自尊的形成；相反，溺爱和矛盾的教养方式会导致低自尊。还有学者指出，父母对儿童的关爱和理解能够促进儿童自尊的发展，提高自尊的水平；相反，如果父母对儿童采取多是惩罚、干涉、过度保护，或是否定，则可能会阻碍儿童自尊的发展，降低其自尊水平。国内学者程学超等人选择了研究母亲单方面的教养行为对儿童自尊发展的影响，得出结论：母亲对儿童的不支持行为与儿童自尊发展呈负相关，进一步得出父母对儿童越是积极、民主，并对儿童的行为存在合理的期望，在这样家庭中成长的儿童，容易形成积极正确的自我评价，有利于提高自尊水平。

2. 家庭氛围

范兴华等人对农村儿童进行追踪研究发现，家庭气氛与自尊显著负相关，儿童感受到的家庭气氛越冷清，自尊水平越低。库兰和艾伦在研究中发现，开放的家庭交流模式与经常性的交流可以提高个体的自尊，家庭交流模式越积极则个体的自尊水平越高。斯罗特、威特和梅瑟斯密斯的研究表明，在家庭交流中那些认为自己的想法和观点受到重视的孩子会表现出更高的自尊心和更少的抑郁症状。

3. 经济水平及父母受教育程度

关于经济水平对于自尊的影响，研究学者的态度也出现分歧，库珀斯密斯和罗森伯格一致认为，自尊与经济地位相关性不大。但我国学者白丽英等人的研究中，高自尊水平的大学生其家庭收入、父母教育程度都较高，来自农村的个体自尊水平比城市的低，而冯及郭的研究却与白丽英等人的有出入，自尊与家庭社会经济地位有关，但是相关不显著。同时，父母职业对儿童尤其是小学生的自尊发展影响很大，母亲的受教育程度和职业地位与儿童的自尊水平有着显著的正相关。而一个家庭的经济收入越高，儿童自尊水平也越高。相反，那些低自尊水平的儿童，往往伴随的是家庭的低收入、父母的低教育水平，本课题组研究发现，许多留守儿童的家庭都具有这些特点。在对留守儿童自尊发展的横向研究对比中，父母离开时儿童的年龄越小，其自尊总分越低，这主要是由于父母与孩子之间过早的分离，孩子缺乏关怀和支持，无法形成良好的亲子关系，在孩子的心中留下了阴影，阻碍了自尊的发展。

（二）个人因素

1. 年龄

罗森伯格研究发现，童年期的自尊稳定性最低，但是自尊水平却很高，并且从童年期向青少年期过渡中，自尊的水平是逐渐下降的。从青少年期到成年早期，自尊的稳定性在增加，但是青少年早期自尊水平很低。根据国内学者的研究，儿童早期的自尊水平会随着年龄的增长而提高，12岁是青少年自尊发展的关键时期，13岁是自尊发展的转折时期，进入初中(13岁左右)后，由于12至13岁儿童正处于青春期，此时生理的剧变，对自我评价的不全面、青春期、新环境的出现给他们带来了很多矛盾，但随着自我意识的觉醒和自我评价的完善，自尊水平又会呈上升趋势，成年期个体的自尊逐步上升并在成年中期（30岁）达到相对平稳的"高原状态"。目前关于成年期自尊的研究极少，米歇尔和海尔森认为，成人中期是个体心理成熟度和适应水平的最高阶段，婚姻、家庭、事业都进入稳定的轨道，这些因素直接导致个体自尊水平上升且保持相对稳定。

魏昶、汪瑜、张碧云、李汉阳对327名分别是小学六年级、初中一年级、初中二年级的留守儿童进行了调查，发现其中男生的自尊得分显著高于女生。张丽华、张索玲和侯文婷对初中二年级的留守儿童进行了调查，但得出相反的结论，即女生得分显著高于男生。陈健对留守儿童自尊的调查发现，三年级儿童的自尊分数呈现先下降后上升的趋势，而四年级儿童的自尊分数则显示一直上升，进入初中后，初中一年级的儿童在自尊分数上又呈现先上升后下降的趋势。不同学者针对留守儿童所做的研究结论有所差异，这可能也说明了除了年龄之外，存在别的未知因素在影响着留守儿童自尊水平。

2. 性别

克林和海德等国外学者通过元分析证明，男性毕生发展的自尊水平在整体上高于女性。但是克林等人的研究表明，在 60 岁及以后的个体之间这种差异消失。罗宾斯等人于 2002 年进行了一次大样本研究，获得了一些有价值的结果。他们发现，在童年期，男孩和女孩的自尊水平是相似的，但是到了青少年期，自尊变化呈现出明显的性别差异，男性的自尊水平高于女性。而当个体进入老年期，尤其是 80 岁开始，女性自尊开始高于男性，这也可能暗示了青少年期一定存在某些不利于自尊发展的因素，而且它对女孩的影响要显著大于对男孩的影响，而且儿童期和青少年期的自尊发展趋势是由多种因素共同决定的。

除此之外，也有学者发现，个人的外貌、经济水平、受教育程度也对自尊有一定影响，蒙泰罗拉等人在对儿童的自尊情况进行研究时，发现年龄与外貌情况影响儿童的自尊水平；彭欣对南方高校大学生的调查结果显示，大学生的自尊水平因经济条件而存在显著差异；张艳霞研究了不同学历的大学生自尊水平，结果表明，高学历的个体自尊水平相对较高。

（三）学校因素

目前国内外关于自尊的研究，儿童和学生是其中最主要的两类研究对象，而学校生活对于此类群体来说是除了家庭之外最重要的场所。在诸多学校因素中，师生关系与同伴关系的好坏以及学业成绩是否优良，都会影响到学生的情绪体验以及对自我的评价，进而影响到其自尊的发展。

1. 师生关系

老师是知识的传播者，对学生人生各方面的发展均有重要影响。在小学阶段，由于儿童发展过程的特点，教师对其影响力尤其大，国内外学者先后探索教师对学生自尊的影响研究都证明了这点：教师对学生的积极行为和态度（如支持、关心、鼓励、参与等）都会有利于儿童自尊的发展。

学者梁兵认为，老师和学生之间的关系是一个学生在学校生活中所面临的重要关系，师生关系的好坏会对学生的学习兴趣和积极性产生极大影响，还会影响学生的身心健康发展，同时教师对学生的行为评价和情绪反应会直接影响学生的自我认识和评价，长此以往，学生可以形成稳定的自尊水平。魏运华指出，教师的作用在学校因素中至关重要，良性的师生关系将提高学生的自尊水平，如果老师关注、关心、信任学生，并经常给予鼓励和表扬，可以促进学生自尊的发展；相反，如果老师对学生进行讽刺、辱骂和体罚，会降低学生的自尊水平。这与国外的研究结果一致。林崇德研究也表明，师生关系的好坏与小学生自我概念的发展水平有着密切关系，其中亲密型师生关系会促进小学生自我概念的良性发展，提高小学生自我概念的水平，而冷漠型师生关系则会降低小学生的自我概念发展水平。此外，师生接触交流的方式、教师的教学风格、教师的期望都会对学生良好自尊的发展与培养起到重要作用。

2.同伴关系

魏运华指出，积极的同伴关系会促进儿童自尊的发展，消极的同伴关系会阻碍自尊的发展，拥有良好的同伴关系、受同伴欢迎的儿童自尊得分往往较高；那些能与同伴"同甘苦共患难"的儿童自尊得分也较高；但没有良好的同伴关系、经常遭到同伴拒绝的儿童，其自尊得分则较低。谢弗指出，儿童早期就开始运用环境中的信息资源与其同伴进行社会比较，寻求与同伴的差距，比较中处于优势一方儿童就会对自我产生积极评价，在一定程度上形成儿童自尊的雏形。张林认为青少年被同伴接纳的程度和青少年与同伴关系的亲密程度是同伴关系影响自尊健康发展重要体现。张丽华等人通过探讨师生关系、同伴关系对青少年自尊影响路径中发现，师生关系、同伴关系和自尊得分呈显著的正相关，同伴关系直接影响青少年自尊的健康发展，而在师生关系影响自尊的路径中，同伴关系起到了部分的中介作用。

3. 学习成绩

大量的研究都已证实，学生的学业成绩与自尊发展水平之间存在显著的正相关关系，一般认为学业上的成功体验会促进自尊的发展，相反，学业的失败痛苦等不良情绪体验也会降低自尊的水平，阻碍自尊的健康发展。魏运华的研究发现，学业成绩与个体自尊发展具有显著的正相关；沙维尔森和伯纳斯在研究中发现，个体的学业成绩与自尊存在因果关系；张雪纯提出，学习成绩好坏可以影响自尊的高低；等等。

第二节　农村留守儿童自尊的探索性研究

一、监护类型与自尊的概念

监护是为监督和保护无民事行为能力人和限制民事行为能力人的合法权益，而设立的一种民事法律制度。根据留守儿童与监护人关系的特点，监护类型大致分为以下五种：隔代监护，即留守儿童和祖辈一起生活；上代监护，即留守儿童和父母的亲戚朋友一起生活；单亲监护，即留守儿童和父母其中一方生活；同辈监护，即留守儿童和哥哥姐姐一起生活；自我监护，即留守儿童独自生活。

自尊是个人对自我价值和自我能力的情感体验，属于自我系统中的情感成分，具有一定的评价意义。

二、研究方法

本研究采用问卷法调查了不同监护类型下的农村留守儿童和农村非留守儿童的自尊水平，并用独立样本 t 检验的方法比较其自尊水平的差异性，进而探索出在哪种监护类型下，农村留守儿童与农村非留守儿童自尊水平最接近。

（一）研究对象

在重庆市某县铜西小学、红井小学以及黑水小学，随机抽取了 10 个班（2 个三年级的班，3 个四年级的班，4 个五年级的班，1 个六年级的班）的学生为研究对象。发放问卷总份数为 598，回收份数为 595，回收率 99.50%。有效问卷份数为 527，有效率 88.13%：其中 56.74% 为留守儿童，共 299 名；43.26% 为非留守儿童；共 228 名。

（二）测量工具

1. 目前在我国心理学界使用最多的自尊测量工具，是 1965 年由罗森伯格编制的自尊量表。此量表包括 10 道题，量表分四级评分，"非常不同意"计 1 分，"不同意"计 2 分，"同意"计 3 分，"非常同意"计 4 分，其中有五道题反向记分。总分范围是 10—40 分，分值与自尊水平呈正相关。已有研究表明该量表具有较高的信度和效度。

2. 测试过程：统一指导语，以教学班为单位进行集体施测，统一回收问卷，采用 SPSS24.0、Excel2013 表格和人工统计相结合的方法进行数据处理与分析。

三、结果分析

（一）人口统计学情况

此次共对 598 名农村小学三至六年级学生进行调查，最后获得有效问卷 527 份，去掉没有填完的 19 份，没有通过测谎题的 49 份，没有回收的 3 份，有效率为 88.13%：其中 56.74% 为留守儿童，共 299 人，43.26%

为非留守儿童，共 228 名；其中 45.54% 为男生，共 240 人，54.46% 为女生，共 287 人；三年级 76 人，占总数的 14.42%，四年级 133 人，占总数的 25.24%，五年级 253 人，占总数的 48.01%，六年级 65 人，占总数的 12.33%；隔代监护型 142 人，占总数的 26.94%，占留守儿童的 47.49%；上代监护型 10 人，占总数的 1.90%，占留守儿童的 3.34%；单亲监护型 139 人，占总数的 26.38%，占留守儿童的 46.50%；同辈监护型 6 人，占总数的 1.14%，占留守儿童的 2.00%；自我监护型 2 人，占总数的 0.38%，占留守儿童的 0.67%。如表 3—2—1 所示：

表 3—2—1　基本情况统计表

	类别		频率	百分比（%）	留守儿童频率	留守儿童（%）
性别	男		240	45.54	137	57.08
	女		287	54.46	162	56.45
年级	三年级		76	14.42	40	52.63
	四年级		133	25.24	73	54.89
	五年级		253	48.01	149	58.90
	六年级		65	12.33	37	56.92
留守与否	非留守		228	43.26	0	0.00
	留守	隔代	142	26.94	142	100
		单亲	139	26.38	139	100
		上代	10	1.90	10	100
		同辈	6	1.14	6	100
		自我	2	0.38	2	100

（二）农村留守和非留守儿童自尊水平的差异分析

由条形统计图分析可得，农村留守与农村非留守儿童的自尊水平基本呈正态分布，如图 3—2—1、图 3—2—2 所示：

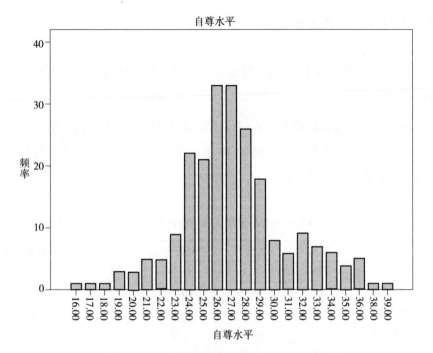

图 3—2—1 农村非留守儿童自尊水平统计图

农村留守儿童与农村非留守儿童的自尊水平数据相互独立,它们满足独立样本分析的条件,因此对 299 名农村留守儿童和 228 名农村非留守儿童的自尊水平进行独立样本分析,结果见表 3—2—2:

表 3—2—2 农村留守和农村非留守儿童自尊水平的差异分析表

	人数	平均得分	标准差	t
非留守儿童	228	28.1272	3.83774	4.192***
留守儿童	299	26.7492	3.60564	

注 1:* 为 p<0.05、** 为 p<0.01、*** 为 p<0.001(当 p>0.05 时,两组数据间差异不存在;当 p<0.05 时,p 值越小差异越明显;当 p<0.001 时,两组间差异显著)。

注 2:独立样本 t 检验使用条件:样本采取随机抽样;样本满足正态分布;用来比较平均数之间的差异(所有注释下同)。

由表 3—2—2 可知,农村留守儿童的自尊水平显著低于农村非留守儿童，而且具有统计学上的显著意义。

（三）不同监护类型下的农村留守儿童与农村非留守儿童自尊水平的差异分析

对 299 名不同监护类型的农村留守儿童（隔代监护 142 名，单亲监护 139 名，自我监护 2 名，上代监护 10 名，同辈监护 6 名）和 228 名农村非留守的量表得分情况统计如下，结果见表 3—2—3：

表 3—2—3　不同监护类型的农村留守儿童与农村非留守儿童自尊水平统计表

		频率	百分比	有效百分比	累率百分比	平均数
非留守		228	43.26	43.26	43.3	28.13
留守	隔代监护	142	26.94	26.94	70.2	28.13
	单亲监护	139	26.38	26.38	96.6	27.36
	自我监护	2	0.38	0.38	97.0	33.00
	上代监护	10	1.90	1.90	98.9	27.51
	同辈监护	6	1.14	1.14	100.0	29.33
总计		527	100	100		

由表 3—2—3 可知，当今农村留守儿童大多数的监护类型为隔代监护和单亲监护两种，单亲监护和隔代监护共同占据了近 94%，它们之间的比例接近 1∶1，除去单亲监护，隔代监护的比例依然高达 47.49%，比单亲监护还多了近 1 个百分点。本课题组发现，隔代监护的自尊量表平均得分最低，那么隔代监护与其他监护类型下的留守儿童在自尊水平上是否存在显著性差异呢？单亲监护的量表平均得分高达 27.36，是否单亲监护型农村留守儿童的自尊水平高于其他监护类型呢？单亲监护的量表平均得分明显高于隔代监护，那么单亲监护与隔代监护在自尊水平上是否存在显著性差异呢？单亲监护的量表平均得分与农村非留守儿童差别不大，那么单亲监护与农村非留守儿童在自尊水平上是否就无显著差别呢？本研究针对上述问题进行了进一步的统计分析。

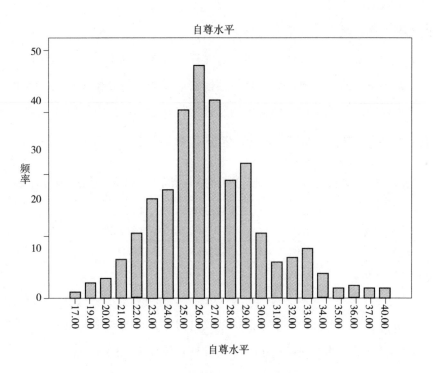

图3—2—2　农村留守儿童自尊水平统计图

1.隔代监护型与其他监护类型农村留守儿童自尊水平的差异分析

鉴于隔代监护的得分最低，且与其他监护相互独立，满足独立样本检验的各项条件，现将隔代监护型与其他监护类型农村留守儿童自尊水平进行独立样本 t 检验。具体情况如表3—2—4所示：

表3—2—4　隔代监护型与其他监护类型农村留守儿童自尊水平的差异分析表

	人数	平均得分	标准差	t
隔代监护	142	25.9014	2.91805	−4.021***
其他监护	157	27.5159	3.98652	

注：*** 为 p<0.001。

由表3—2—4可知，隔代监护型农村留守儿童的自尊水平低于其他监护类型，而且具有统计学上的显著意义。

2. 单亲监护型与其他监护类型农村留守儿童自尊水平的差异分析

鉴于单亲监护得分较高，且与其他监护类型的得分相互独立，满足独立样本检验的各项条件，现将单亲监护型与其他监护型农村留守儿童自尊水平进行独立样本 t 检验。具体情况如表 3—2—5 所示：

表3—2—5　单亲监护型与其他监护类型农村留守儿童自尊水平的差异分析表

	人数	平均得分	标准差	t
单亲监护	139	27.3597	3.81455	−2.733**
其他监护	160	26.2188	3.33586	

注：** 为 $p<0.01$。

由表 3—2—5 可知，单亲监护型农村留守儿童的自尊水平高于其他监护类型农村留守儿童的自尊水平，而且具有统计学上的显著意义。

3. 单亲监护型与隔代监护型农村留守儿童自尊水平的差异分析

鉴于单亲监护得分较高，隔代监护得分较低，它们之间又相互独立，满足独立样本检验的各项条件，现将单亲监护型与隔代监护型农村留守儿童自尊水平进行独立样本 t 检验。具体情况如表 3—2—6 所示：

表3—2—6　单亲监护型与隔代监护型农村留守儿童自尊水平的差异分析表

	人数	平均得分	标准差	t
单亲监护	139	27.3597	3.81455	−3.594***
隔代监护	142	25.9014	2.91805	

注：*** 为 $p<0.001$。

由表 3—2—6 可知，单亲监护型的农村留守儿童自尊水平高于隔代监护型，而且具有统计学上的显著意义。

4.单亲监护型与农村非留守儿童自尊水平的差异分析

鉴于单亲监护型的量表平均得分与农村非留守儿童的得分之间相互独立，满足独立样本检验的各项条件，现将单亲监护型与农村非留守儿童自尊水平进行独立样本 t 检验。具体情况如表 3—2—7 所示：

表 3—2—7　单亲监护型留守儿童与非留守儿童自尊水平的差异分析表

	人数	平均得分	标准差	t
单亲监护	139	27.3597	3.83774	1.865
非留守	228	28.1272	2.91805	

由表 3—2—7 可知，单亲监护型农村留守儿童的自尊水平略低于农村非留守儿童，但无统计学上的显著意义。

（四）支持与不支持父母外出务工的农村留守儿童自尊水平的差异分析

在问卷调查中涉及留守儿童对父母外出务工的意见，分为三类：一类是表示理解，用"支持"表示；二类是表示中立，用"不支持也不反对"表示；三类是表示不理解，用"反对"表示。支持父母外出务工的农村留守儿童自尊水平与不支持父母外出务工儿童的自尊水平相互独立，满足独立样本 t 检验的各项条件。现将支持父母外出务工、不支持也不反对父母外出务工，以及反对父母外出务工的农村留守儿童的自尊水平，两两进行独立样本 t 检验，具体情况如表 3—2—8、表 3—2—9、表 3—2—10、表3—2—11 所示：

表 3—2—8　是否支持父母外出务工的农村留守儿童自尊水平统计表

	频率	百分比	有效百分比	平均值	标准差
支持	37	12.4	12.4	28.8919	5.75318

	频率	百分比	有效百分比	平均值	标准差
不支持也不反对	160	53.5	53.5	26.8625	2.69051
反对	102	34.1	34.1	25.7941	3.54138
总计	299	100	100	26.7492	3.60564

表3—2—9　（是否支持父母外出务工）农村留守儿童自尊水平的差异分析表

	人数	平均得分	标准差	t
支持	37	28.8919	5.75318	3.071***
反对	102	25.7941	3.54138	

注1：*** 为 $p < 0.001$。

表3—2—10　（是否支持父母外出务工）农村留守儿童自尊水平的差异分析表

	人数	平均得分	标准差	t
支持	37	28.8919	5.75318	2.093*
不支持也不反对	160	26.8625	2.69051	

注1：* 为 $p < 0.05$。

表3—2—11　（是否反对父母外出务工）农村留守儿童自尊水平的差异分析表

	人数	平均得分	标准差	t
反对	102	25.7941	3.54138	−2.605
不支持也不反对	160	26.8625	2.69051	

由表3—2—9可知，支持父母外出务工的农村留守儿童量表得分高于反对父母外出务工的，它们之间存在明显差异；由表3—2—10可知，支持父母外出务工的农村留守儿童量表得分高于对父母外出务工表示中立的，它们之间也存在差异；由表3—2—11可知，对父母外出务工表示中立的农村留守儿童量表得分高于反对父母外出务工的，但两组之间不存在明显差异。不难得出：理解并支持父母外出务工的农村留守儿童，其自尊水平高于不支持父母外出务工的。

（五）支持父母外出打工的农村留守儿童和农村非留守儿童自尊水平的差异分析

鉴于赞同并表示理解父母外出务工的农村留守儿童的自尊量表得分高达 28.8919 分，甚至比农村非留守儿童的平均得分（28.1272）还高，是否支持父母外出务工的农村留守儿童自尊水平比农村非留守高呢？它们之间相互独立，且满足独立样本 t 检验的各项条件，现将支持父母外出打工的农村留守儿童和农村非留守儿童的自尊水平进行独立样本 t 检验，如表3—2—12 所示：

表 3—2—12　支持父母外出务工的农村留守儿童与农村非留守儿童
自尊水平的差异分析表

	人数	平均得分	标准差	t
支持	37	28.8919	5.75318	−0.781
非留守	228	28.1272	3.83774	

由表 3—2—12 可知，支持父母外出务工的农村留守儿童平均得分高于农村非留守儿童，但无统计学上的显著意义。我们据此推测，对于农村留守儿童而言，如果他们能真正理解并支持父母外出务工这件事，留守的经历可能不会对他们的自尊水平产生负面影响。

第三节　研究发现及反思

一、研究发现

在本次研究的调查对象中，有 56.74% 的是农村留守儿童，据此可推测当前在农村乡镇小学中，留守儿童的数量已经不容忽视，并且在一些地方可能还明显多于非留守儿童。

课题组发现，农村留守儿童的自尊水平显著低于农村非留守儿童，提示教育者应当积极重视对农村留守儿童群体自尊心理品质的培养。通过在调查过程中与其中一些留守儿童的交谈，并结合表3—2—8的分析，课题组发现：对父母外出打工这件事，部分农村留守儿童认识不够全面。有的认为父母在外面吃苦受罪，都是因为自己，从而非常自责；有的认为是父母不喜欢自己，从而把自己抛下了，以上两种情况都影响着他们的自尊水平。这些儿童在对父母外出务工这件事情上，大多数都持反对态度，他们对父母外出务工的理解度相对较低。与此相关，他们的自尊水平也相对较低。我们推测，农村留守儿童对于父母外出务工的理解度可能会影响到他们的自尊水平，通过表3—2—9、表3—2—10证实了这一推测。在农村留守儿童中，并不是所有的人都不支持父母外出务工。由表3—2—9，表3—2—10可以看出，有少部分农村留守儿童支持父母外出务工，他们对父母外出务工的理解度相对较高，与此相关，他们的自尊水平也相对较高。进一步探究发现，支持父母外出务工的农村留守儿童平均得分高于农村非留守儿童，但无统计学上的显著意义。可见对于农村留守儿童而言，如果他们能真正理解并支持父母外出务工这件事，留守的经历可能不会对他们的自尊水平产生负面影响。

不同监护类型下，农村留守儿童的自尊水平存在差异。本课题组主要研究了"隔代监护"和"单亲监护"，统计表明，隔代监护型农村留守儿童在此次调查问卷中的得分最低，单亲监护型农村留守儿童在此次调查问卷中的得分较高。通过进一步统计分析得出：隔代监护型农村留守儿童的自尊水平显著低于单亲监护类型，因此建议在不得不留守的情况下，尽量采取单亲监护方式。本研究结果同时也表明，改善隔代监护家庭教育现状（例如增加亲子之间的沟通频率，增加线上的家校沟通等）已经刻不容缓。随着时代的进步、科技的发展，现在基本上每所学校、每个班都建有各自的微信群，家长应该更积极地和老师保持联系，时时关注自己孩子的身心发展，以此来增加对留守儿童的关心。

综上所述，本课题组针对发现提出以下对策。

第一，总的来看，农村留守儿童自尊水平明显低于农村非留守儿童。建议教育者重视对农村留守儿童自尊积极心理品质的培养。第二，在本研究的所有监护类型中，隔代监护类型下的农村留守儿童自尊水平最低，单亲监护对农村留守儿童自尊的影响不大，建议在不得不留守的情况下，采取单亲监护方式较好。第三，对于农村留守儿童而言，如果他们能真正理解并支持父母外出务工这件事，留守的经历可能不会对他们的自尊水平产生负面影响。建议对农村留守儿童进行感恩教育，引导更多的农村留守儿童真正地理解并支持父母的外出务工。

二、研究反思

目前国内外对自尊发展的相关研究已经较为系统，也已经有了较多的研究成果，但仍存在一些不足。首先，研究者们对于自尊含义理解不同，对于自尊结构的理解也多种多样，但是目前对于不同侧重点、不同结构维度的自尊发展轨迹和影响因素则还有待于进一步的探究。其次，自尊的发展研究几乎全部来自西方，即使国内对自尊发展的研究也沿用国外的理论、方法和解释，对于中国人特有的自尊发展特点展现不足，国内的自尊研究应该加强本土化，要针对华人本土的自尊现象与问题着手。

本课题组在本研究中立足于中国国情和农村留守儿童家庭结构，努力了解农村留守儿童群体自尊的特殊性和现状，在一定程度上丰富了中国人特有的自尊特点的展现，强化了国内自尊研究的本土化。在对农村留守儿童自尊的进一步研究中，建议尽可能扩大样本，以横向与纵向相结合的方法去分析留守儿童的自尊特征。另外，因为自尊的发展是一个长期的课题，所以横向与纵向相结合能更加全面研究并得出完善的结论，这也是今后应该注意的问题。最后，目前现有研究多数是静态研究，对于影响因素也几乎都为描述性研究，缺乏对其影响机制的深入动态研究，将来的研究需要进入研究对象的心理层面去分析影响因素的作用原因，这有利于丰富当前研究成果的深入和体现其真实价值。

第四章　希望感积极心理品质的探索性研究

第一节　希望感研究综述

一、希望感定义

字典解释通常对"希望感"的定义为强调"想要的东西可能会到手"，现在对于希望感的研究则越来越强调目标的重要性。搜索维基百科给出的定义，"希望感是一种乐观的心态，它建立在对生活或整个世界的事件和环境产生积极结果的期望之上"。作为动词，它的定义包括："满怀信心地期待"和"满怀期待地珍惜"。

从 20 世纪 50 年代起，心理学和精神医学领域开始关注"希望感"这个概念，1960 年莫厄尔从其行为主义的观点出发，认为希望感是一种情感，起着次级强化物的作用。埃里克森（Erikson）假设希望感是健康认知发展的一个因素，把希望感定义为在达到强烈的愿望时的一种持续的信念，希望感允许个体保持朝向目标的行为。同时，他把希望感置于一种发展的情境中，他认为，希望感与生俱来，而且因为希望感导致个体内部产生冲突。1974 年戈特沙尔克认为，希望感是积极期待，他把希望感定义为"特殊喜好的结果和很有可能发生的乐观主义的总和"。他假设希望感能在更大范围、更普遍的领域发生，包括"宇宙现象、精神、想象等事件"。因此，希望感被确认为是一种刺激力量，激励个体克服心理障碍。

20世纪80年代，众多学者开始对希望感进行研究。1983年斯密斯（Smith）基于希腊神话中，当潘多拉最终成功地关上盒盖时，盒子里只剩下一个生物"hope"（希望），指出："我们朝着一生无数的目标前进的过程中，使人类的忧虑和烦恼变得可以忍受的事物就是希望感"。1983年，米勒和鲍尔斯从希望感的本质和辞源学的角度，将希望感定义为："一系列对美好状态或事物的预期和描绘，一种可以自我提升或者从困境中释放的感觉。这种美好预期不一定要建立在某个具体的事物和现实的目标之上。因此，希望感是一种对未来以相互关系（主要是与他）人相关为基础的美好预期，是一种自己可以胜任和应对某事的能力感，一种心理和精神上的满意度，一种对生活的目的感、意义感的体验，以及对生活中充满无限的'可能性'的感觉。"1986年布莱兹利兹把希望感定义为一种认知倾向，他认为希望感就是人头脑中的思想，或者说是对认知状态的一种描述，因为希望感对个体有影响，他假设希望感应该是一种持续的力量，是能够持续产生的一种心理反应。

目前心理学界普遍将希望感认为是情绪和认知的结合体。斯塔茨等人在1985年提出，希望感在情绪上体现了"预期达到目标后的积极情绪和预期没有达到目标后的消极情绪之间的差异"，在认知上具有愿望和预期的交互作用。戈弗雷1987年提出希望感是坚信愉快结果有可能发生的信念，这种信念主要是由被个体所感知到自己所拥有的资源所引导。虽然希望感始于一种情感的震惊，但它也是一个权衡个体生活中事件发生的可能性的认知过程。埃弗里尔、凯特霖和姜等人在1990年提出，希望感是一种与个体目标紧密联系时产生的情绪体验，当个体的目标是可以达到的、可控制的、对个体本身具有一定的重要意义并能为社会或道德所接受时，这种情绪体验就会产生。

1991 年施耐德对希望感的定义是："希望感是由个体后天学习而成的一种个人思维和行为倾向，是一种认知特征同时也是一种动力状态。"他认为希望感是一种目标导向的思维，包含个人对自己能力找到目标的有效途径的认知和信念（路径思维），以及个人对自己激发沿着既定目标前进的必要动机的认知和信念（动力思维）。施耐德对希望感的定义也被后来的许多学者采纳并进行了深入研究，成为影响希望感研究的重要学者之一。

二、主要理论与模型

在无数检验个人生活中希望感重要性的模型中，有两大理论在心理学领域获得了相当大的认可，即希望感理论模型（Hope theory model）和希望感"五层次"系统模型。

（一）希望感理论模型

施耐德提出聚焦于目标达成的认知动力理论模型，即希望感理论模型。他将希望感当作一种认知特征，是以目标为核心，路径思维和动力思维的融合体。目标就是我们心中想要的任何事物、经验或结果。施耐德等人划分了四种希望感目标，即接近性目标（朝向希望达到的结果）、避免消极结果的目标（阻止或推迟不想要的事件）、维持性目标（维持现状）、提高性目标（提高一个已经存在的积极结果）。除此之外，负责启动和维持个人行动的动力思维和寻找最佳策略以及此路不通时能够及时变通的路径思维是希望感必不可少的两个组成部分。

路径思维指的是一系列有效达到个人所渴望的目标的方法、策略和计划、组织的认知操作。路径思维可以帮助个体通过目标把现在与未来联系起来。高希望感的个体更善于创造具体的、思路清晰的实现目标的方法。这就是说希望感不仅仅是我们通常所指的高希望水平，即"充满希望就可以"，还要有具体可操作的方法步骤，要有助于目标的达成，而且能够想出更多灵活性的、可供选择的多种实现途径。

动力思维指的是启动个体行动，并支持个体朝向目标，即使在面临困难时也能持续沿着既定的路径迈进的动机和信念系统。施耐德等人亦认为，动力思维不只是一种聚焦在目标达成上的心理能量，同时也是一种具有具体目标导向的决心的感受。当我们面对一个具体目标时，拥有足够的动力思维才有办法驱使我们朝着目标迈进，这也是面对目标时的动力来源，因此，动力思维的来源十分重要。

此外，他还指出希望感不只是一个迭代，在这个迭代中，一个人首先评估动力，然后分析可用的路径，然后引出目标导向的行为。一种途径分析也不会释放出最终发生目标导向行为的中介。相反，动力 / 路径和路径 / 动力迭代贯穿于目标导向行为的所有阶段；因此，希望感反映了感知动力和路径的综合水平。

(二) 希望感"五层次"系统模型

安东尼·肖利在埃弗里尔的理论基础之上，为了捕捉所有与希望感相关的想法、感觉和行为，设定五个层次，提出了希望感"五层次"系统，主要包括以下五个方面，第一层次是希望的动机。希望动机的第一个层次是与掌握、依附和生存有关的生物动力系统。安东尼·肖利指出，希望感具有依恋、掌控、生存三个组成要素，拥有这三种要素往往希望感水平比较高。依恋（Attachment）要素是指感到能够持续地信任他人，并愿意和他人建立连接、互相支持，会产生亲密和爱的感觉。在依恋要素中，最重要的是"信任"和"开放"两个因素。依恋系统的特点是位于大脑的前部，左侧区域，以便于检测面部表情和情感语调，与依恋相关的希望感集中在身体上的接近、情感关系和亲密，以及精神上的统一。掌控（Mastery）要素也被称为赋权（empowerment），即感到自己是强大的、有能量的，并且自己的能力在他人那里也能得到证明。与掌控相关的脑区主要包括额叶（主动性和计划性）、海马（目标相关记忆）、网状结构（一般唤醒）、各种兴奋性神经递质（特异性唤醒）。掌控需要坚定的决心，也需要一只指导性的手。生存（Survival）要素是与负面事件相关的。生存要素包含两个方面：一是你不会让自己长期地困在坏的情境里，你能够有办法找到出去的路；二是即便经历了一些负面的事件，你也能够坚持积极的想法和感觉。生存成分包括复杂的免疫系统以及避免突然危险的非自愿反应。

第二层次是支持和指导。希望感背后的动机确保人类将为与依恋、掌控和生存有关的进一步发展做好准备。有些人或多或少拥有这些能力。但是，不管他们的"天赋"，个人将需要支持和指导，以实现他们的潜力、实现目标、实现亲密关系和自我调节。家庭、文化和精神信仰在这个过程中可能都起着至关重要的作用。

第三层次指的是希望特质，也就是希望感的核心。由三组人格特质组成：第一个集群是由掌控和依附元素组成的，包括希望的意愿、与目标相关的信任，以及调解的力量。第二组希望特质源于依恋动机。关系信任是建立在开放和公开以及亲密和感激的基础上的，他们对信任的目标保持开放的姿态，努力争取更深层次的亲密关系。第三组面向生存。这些特征包括以生存为导向的信任、恐怖管理能力和一种象征不朽的感觉。他们提供了解决人类状况的巨大挑战，比如恐惧、痛苦、损失和死亡的方法。

第四层次指的是信仰体系。信仰是信任、调解权力和自我——其他纽带的产物。当被考验时，信念会揭示一个人是否有"希望的意志"，以及是否有足够的信任和开放。信仰是恐怖管理能力的晴雨表，它揭示了精神完整性和象征性不朽的存在与否。信仰是特质希望感的基石。具有不止一个来源的信仰可以维持一个人的希望感。这进一步表明了作为希望感基础的动机系统之间的相互作用。

第五层次指的是希望感的表达。希望感不仅仅是一种冷漠的期望。它还涉及对行动的承诺和与之相关的深情基调，这是"热认知"的特征。以希望感为基础的掌控包括信念和情感与赋权，以及建立和追求超越的目标。

三、希望感的测量研究

（一）希望感量表——戈特沙尔克

戈特沙尔克 1974 年的"希望感量表"是可查的最早的关于希望感的测量工具。这一量表主要采用内容分析的方法，要求被试者尽可能详尽地写出过去到现在的四年里发生的重要的生活事件。4 个评估者分别阅读每一个故事，并用 7 等分法（其中 4 个是富有希望感的得分，3 个是缺少希望感的得分）为这些故事评分。这一测验的评分员内部一致性达到 0.61；在富于希望感和缺乏希望感的评分一致性上也达到了 0.88。

（二）希望感特质量表——米勒

在早期的希望感测量工具中，"希望感特质量表"（Miller Hope Scale）也是比较有影响力的量表。"希望感特质量表"是基于希望感的辞源学、宗教学、哲学、社会学、人类学、心理学、生理学、护理学和健康学等多学科的综合考察，包含了积极的和消极的两个方面的 40 个题目，采用 6 点量表，量表总分在 40 到 240 之间。此量表的内部一致性系数为 0.93；两周后的再测信度为 0.82，经因素分析检验，量表具有良好的结构效度。

（三）希望感特质量表——施耐德

美国堪萨斯大学心理系以施耐德（Snyder）教授为首的希望感实验室

从 20 世纪 80 年代开始对希望感进行了一系列研究，其中包括一系列希望感特质评定量表的制定，每种量表都从动力思维和路径思维两个方面来进行评估。到目前为止，他们制作的已经成型可供使用的量表包括"希望感特质量表""儿童希望感量表""幼儿希望感量表""幼儿希望感量表—故事本"。

1. 希望感特质量表（TTHS）

"希望感特质量表"是一份包含 12 个项目，供测验 15 岁以上青少年（对阅读能力没有要求）的自我报告量表。为了防止标签效应，此实验室所出的所有量表都以目标测验为标题，取代希望感特质测验的字眼。此量表初为 4 点量表，有时也采用 8 点记分。量表以施耐德等人的希望感理论为构架，4 个条目测量路径思维，4 个条目测量动力思维。此外，此量表还设计了 4 个关于用来转移被试者注意力的题目，这 4 个条目不计分。此量表的内部一致性信度为 0.74—0.84，再测信度为 0.80；量表有良好的结构效度和预测效度。

2. 儿童希望感量表（CHS）

目前，施耐德及同事编制的儿童希望感量表（CHS）使用最为广泛。根据施耐德等人的希望感理论为构架，分别测量路径思维和动力思维两部分。该量表适用于 7—16 岁的儿童和青少年，由 2 个维度 6 个项目组成。奇数题测量动力思维，偶数题测量路径思维，采用李克特 6 点计分，1 代表"非常不同意"，6 代表"非常同意"。目前，该量表已被运用到不同语言背景的儿童群体，中文版的儿童希望感量表由赵必华修订，具有良好的信效度。

3. 幼儿希望感特质量表（YCHS）

麦克德莫特、黑斯廷斯、贾里格莱提和卡拉汉 2000 年制定的"幼儿希望感特质量表"（YCHS）可用于测量学龄前儿童到小学四年级学生。最佳的测量对象是 5 到 7 岁的儿童。此量表由 6 个项目组成。考虑到这个年龄段儿童的特点，在做选项时只用 3 个等级记分。此量表还在试用阶段，使用者应对其信效度进一步细致考察。

4.幼儿希望感量表—故事本（YCHS-SF）

幼儿希望感量表—故事本是由伯开奇（Berkich）在其博士毕业论文中发展成型的。她以施耐德等人的希望理论为依据，应用投射测验技术，通过故事的方式，测量幼儿的希望感。此量表已经达到幼儿心理测评工具的标准和要求。

（四）"期望平衡量表和希望感指数"

斯塔茨及其同事根据测量目的，将希望感分为情感方面和认知方面。期望平衡量表 EBS 评估希望感的情感方面，采用自我报告法，量表共 18 个项目（积极和消极项目各 9 个）。希望指数用来衡量希望感的认知方面，关注具体的时间和结果，包括 4 个分量表：希望—自我、希望—他人、愿望和预期，各分量表均具备良好的重测信度和内部一致性信度。

（五）赫斯（Herth）希望感量表

由美国学者赫斯（Herth）编制，1999 年由中国医科大学赵海平等学者翻译引入我国。该量表从非常反对、反对、同意到非常同意采取 1—4 级计分，共 12 项，分为 3 个方面，即对现实和未来的积极态度、采取积极的行动、与他人保持亲密的关系等。该量表采用李克特 4 点计分，量表总分为 12—48 分，其中 12—23 分者定义为低水平；24—35 分者定义为中等水平；36—48 分者定义为高水平。

四、希望感相关概念

（一）情绪与希望感

维基百科对于情绪的定义，是对一系列主观认知经验的通称，是指由多种感觉、思想和行为综合产生的心理和生理状态。无论正面还是负面的情绪，都会引发人们行为动机。尽管一些情绪引发的行为看上去没有经过思考，但实际上意识是产生情绪重要的一环。人的情绪有天生也有后天控制的成分。比如在工作中处于积极情绪的个体，会对未来充满期望，因而会全身心地投入到工作中；相反，处于消极情绪的个体，则会对接下来的工作充满抱怨，其工作投入水平也就会降低。欧文利尔等人通过对 59 名员工进行为期 5 天的追踪研究发现，每日下班后的积极情绪可以正向预测下一个工作日起始的希望感水平；相反，消极的情绪则会使个体产生消极的想法、消极的评价。

　　情绪作为一种信息线索直接影响个体的认知，即希望感。不良的情绪会降低患者应对疾病的信心，而调整负面情绪则可能提高希望感水平。当每天工作中的任务下达后，处于积极情绪中的个体，会对当前选项进行积极的判断，产生趋近倾向，即使在工作环境不佳时，个体仍然会保持乐观和激情的状态，并认为当前任务总体上是可完成的，并且能充分利用身边的资源指向目标计划，使个体对完成工作目标充满期望；而消极情绪则会损害个体的内在动机，减少可用认知资源，个体则会更加依赖于外部的指导，产生负面的评价，个体对完成目标也会缺乏希望感。

（二）乐观与希望感

　　西契尔和卡佛在 1985 年将乐观定义为一种认为好事会发生的普遍的乐观主义。他们认为乐观主义者保持积极的期望，而不局限于特定的领域或类别。西契尔和卡佛假设，乐观主义是人们追求目标方式的主要动力，乐观主义者对好事将会发生的期望引导他们通过"奋斗"而不是"放弃和转身"来实现目标。此外，乐观被认为是一种稳定的性格特征，并不局限于特定的环境。希望感与乐观相似，因为它被概念化为反映一般而非具体结果预期的稳定认知集。

但是希望感和乐观主义两者又存在差异，主要体现在结果和效率预期之间的假设关系以及这种关系在预测目标导向行为中所起的作用方面。西契尔和卡佛认为，结果预期本身是行为的最佳预测因素。尽管西契尔和卡佛考虑到了效能预期可能会影响结果预期分析的可能性，但他们认为，结果预期是决定目标导向行为的最后也是最有力的分析。然而，在希望感模型中，希望感涉及反映自我信念的效能期望（动力）和反映实现这些目标的一种或多种可用策略（路径）感知的结果期望之间的相互作用。

（三）自我效能感与希望感

根据班杜拉（Bandura）的理论，要激活自我效能感，目标相关的结果必须足够重要，以吸引注意力，这一前提与希望感理论中的前提相似。虽然有些人设计的自我效能感的特质测量主要指"人们对自身能否利用所拥有的技能去完成某项工作行为的自信程度"，这一目标强调与希望感理论是平行的，但它们的不同之处在于，希望感理论可能存在持久的、跨情境的、以情境为导向的思想。在自我效能感理论中，人被假定分析特定目标实现情况下的相关突发事件（称为结果预期，有点类似于路径思想）。相对于预期的结果，其中的重点是特定的突发事件，思维路径反映了自我分析自己的能力，以产生达到目标的最初途径。

自我效能感影响或决定人们对行为的选择，以及对该行为的坚持性和努力程度；影响人们的思维模式和情感反应模式，进而影响新行为的习得和习得行为的表现。自我效能感高的人，他们的期望值高、显示成绩、遇事理智处理、乐于迎接应急情况的挑战、能够控制自暴自弃的想法，需要时能发挥智慧和技能。自我效能感低的人往往畏缩不前，显示失败、情绪化地处理问题，在压力面前束手无策，易受惧怕、恐慌和羞涩的干扰——当需要时，其知识和技能往往无从发挥。效能预期则强调个人如何在给定的情境中进行必要活动的感知，而希望感理论则强调一个人的自我参照，相信她或他会发起并继续必要的行动。两者关键的区别是，"可以"和"意志"两个词，前者是关于行动能力，后者是利用意图采取行动。

五、希望感相关研究

希望感对个体的发展具有重要保护作用。当个体具有高度的决心和动力试图通过各种方式实现目标时，他们往往具有强烈的希望感，并能积极地对待生活。目前希望感理论在很多领域也得到了广泛的应用，有对希望感理论的实证研究，也有从希望感在面对和治疗生理疾病、心理疾病中的作用延伸到希望感对不同群体不同事件作用的研究，主要体现在临床医学、心理健康、学业工作成就等方面。通过对现有文献的梳理，主要将希望感研究归纳为以下两个方面：

（一）希望感的影响因素研究

1. 人口统计学因素

以往的研究主要从性别、年龄阶段、城乡差别、经济水平等因素考察人口学因素对希望感的影响，但是以往的研究结论仍然存在一定的争议。张对中年人这一群体的希望感进行研究，发现在希望感在路径因子上有着显著的性别差异，男性路径因子的得分都显著地高于女性，而动力因子上的性别差异不显著。威尔斯（Wells）对青少年和中年人两个群体的希望感进行了研究，发现在中年人的群体中，女性在动力因子维度上的得分显著高于男性，但是在路径因子维度上的差异不显著；而在青少年群体中两个因子的差异都不显著。孟庆飞等研究结果发现，男性在希望感总分及其动力思维得分上均高于女性，认为这可能是因为女性内心细腻，对自身的处境更加敏感，更容易受生活中负面事件影响。杨青松等人发现，由于经济条件相对较差，留守农民常常要面对诸多生存上的压力，而自身又缺乏足够的知识和技能来解决这些实际问题，导致诸多目标不能得到有效实现，因此压抑了他们对将来可能事件的积极预期。此外，受教育程度也是一个影响因素。本科教育程度的留守农民希望感总分及动力思维、路径思维分量表评分均高于小学教育程度的留守农民。这可能是因为受教育程度越高，个体制定目标和追求目标的意识就越强，因此希望感也相应越强。麦凯（Mackay）发现，由于经济水平的限制，贫困家庭父母的养育能力较低，不能有效监管他们的孩子。所以，孩子容易表现出认知能力差、学业成绩不良、心理健康状态不佳或较多的品行障碍等状况。另外，由于较低的家庭收入、父母过低教育水平的限制而造成了父母有限的职业选择，也会间接损害家庭成员身心健康发展。然而也有学者研究发现，人口学变量差异并不会影响到希望感及其两个因子的水平。比如徐强研究发现，各人口学因素包括年级、性别、专业、来源地等对大学生希望感的主效应均不显著。

2. 情绪、乐观、自我效能感等相关概念

欧文利尔等对 59 名大学的雇员进行研究，要求他们每天两次报告自己的情绪状态，在持续一段时间（4 周）的追踪之后，发现个体每天的情绪状态对希望感有着非常显著的影响，持续积极情绪状态的个体有着更高的希望感水平。布鲁林克斯等通过特质性的研究发现，希望感和乐观特质确实是两个不同的概念，但是希望感和乐观特质有高度相关。阿德拉布发现，自我效能感和希望感有着显著的正相关关系。因为个体的自我效能感的水平越高，他将有更为清晰的目标，并且能更有效地达成他的目标，由此，他的希望感水平也会越高。皮特森等对 212 名大学生进行的实验研究也发现目标定向对希望感有着非常显著的正向预测作用，目标定向更为清晰的个体，希望感水平更高。

（二）希望感的应用研究

近几年来，国内外对于希望感的研究越来越广泛，有对希望感理论的实证研究，也有从希望感在面对和治疗生理疾病、心理疾病中的作用延伸到希望感对不同群体不同事件作用的研究，涉及希望感对学业成就、心理健康、生理健康、生命意义的追求等多个方面的研究。

1. 国外研究现状

国外学者很早就开展了对希望感的相关研究。早在 20 世纪末，帕克等人就在研究中指出，希望感能够对个体生活产生影响，在诸多积极心理品质中，希望感和个体的生活满意度之间的关系尤为明显，同时，社会支持、工作卷入、宗教信仰等都可以提升个体希望感水平。在施耐德的带领下，对希望感的研究在各个层面积极展开，同时也逐渐受到教育、医学、人力资源等领域的关注。

在教育领域，国外学者研究表明，可以通过提升青少年的希望感来缓解负面生活事件对其心理健康产生影响，帮助个体更好地应对生活中的变故和压力，如丧亲、病痛和离婚等，从而更好地适应新环境；同时，促进个体在学业成长和对工作的积极投入等方面的积极发展。王和利姆指出，中学生的希望感可以显著预测其抑郁水平和生活满意度，希望感更高的大学生辍学率更低，而且学业成绩也更优异。高希望感水平的学生表示对所取得的学业成就更满意，他们的人际关系也比低希望感水平的学生更好。

在医学领域，国外学者研究发现希望感可以改善患者的身心症状和治疗矫正类似成瘾犯罪之类的行为，在维护个体身心健康、追求幸福等方面发挥了巨大的作用。麦克克雷在对严重受创伤的儿童的心理治疗中鼓励他们制定目标，并倾听他们的担心，与之共同实现一系列的子目标。这些方法增强了儿童的路径思维和动力思维，并提升了他们心理韧性。索托德阿瑟等人比较了希望感干预和药物干预治疗对癌症患者的治疗效果，发现在提高患者生活质量方面，希望感干预要优于药物干预，且两者结合的效果最好。希望感思维对其他病症也有治疗效果，如麦克道尔引导 7 位中风患者去想象自己在做最喜欢的事情，并移动自己受中风影响的身体部位，患者的特质和状态希望水平都有所提高，且有 6 位患者感受到情绪和身体上的收益，3 位患者成功移动其身体的中风部位。总的来说，具有高希望特质水平的患者能够积极寻求治疗的途径，具有更丰富的自我管理策略，并能用更乐观的态度去应对。巴克兰使用基于优势的"欣赏式探寻法（appreciative inquiry，AI）"，对患有精神分裂障碍的年轻人进行干预治疗，结果显示患者的希望感水平和积极感受都显著提高。麦克尼尔等人对 155 名有情绪障碍或者行为障碍的青少年进行了为期 6 个月的聚焦希望思维的干预治疗，其希望思维在治疗后显著提高，后续研究结果显示，其不良行为大大减少。希望思维对于吸毒、赌博成瘾和犯罪等问题行为的矫正也有重要作用。施耐德及其同事根据希望思维理论设计了能够成功帮助成瘾者在康复过程更好地适应的一系列干预措施。科、奥·尼尔和雪莉介绍了一系列基于希望思维的治疗药物滥用的有效干预方法。

在人力资源领域，皮特森和卢森的研究结果表明，希望感水平较高的管理人员，其管理的部门绩效越高，下属的留职率和满意度也较高。高希望感水平的个体，一般自我效能感较高，这使得他们在工作中充满自信和创造力，对工作充满热情和满意，因此能够在工作有良好的表现和工作成就。而支持性的社会关系、足够的资源、他人的鼓励、自我效能感的提高能够帮助个体提高希望感。同时，希望感作为一种积极动力状态，可以为领导者和遵循者花费必要的精力追求和实现组织目标作出贡献。有关教师希望感的相关研究表明：教师压力和教师希望感水平对预测情绪衰竭或去人性化方面有显著贡献；教师管理班级的自我效能感、教师压力和教师希望感水平对预测个人成就有显著贡献；教师希望感水平是作为教师压力和教师倦怠关系的中间变量。中国学者发现，在控制了性别和年龄两个人口统计学变量的效应后，员工的希望感、乐观和坚韧性三种积极心理状态，都对他们的工作绩效、组织承诺和组织公民行为有积极影响。

2. 国内研究现状

国内学者较晚才开始关注希望感，但随着对希望感研究的逐步深入，除了国外研究方向成果拓展之外，国内研究者较多地关注儿童、学生两大群体，尤其是以留守儿童和贫困学生为代表。

关于贫困学生希望感的研究，陈海贤、陈洁在对贫困大学生希望感特质、应对方式与情绪的结构方程模型研究中探讨希望感特质、应对方式对抑郁和幸福感的影响。结果表明，希望感特质对抑郁和幸福感均有重要影响。希望感水平通过激发问题解决、求助等积极的应对方式来影响幸福感。通过希望感干预等方式提高希望感水平是减少贫困大学生抑郁情绪的有效途径。黄致达研究了希望感对大学生的干预研究，以施耐德的希望感理论为基础，来研究大学生网络成瘾与希望感之间的相互关系。通过团体案例分析与讨论的方式提升大学生对于大学生涯的希望感，增加其在设定目标、路径与动力三方面的能力。陈海贤在研究中指出，提高家庭条件贫困大学生的希望感，其情绪也会得到显著的改善。李鹤展等人以大学生为被试者进行研究，内容主要为主观幸福感和希望感之间的联系，结果表明如果提升希望感，会提高大学生的心理健康水平并且增强个体主观幸福感。

关于留守儿童希望感的研究，谢光荣课题组采用儿童希望感量表中文版，对湖南省 10 个贫困县的农村中小学生进行大样本调查，包括留守儿童 2110 人，非留守儿童 2026 人。研究结果发现，非留守儿童的希望感得分显著高于父亲外出、母亲外出或双亲外出留守儿童的得分。控制留守年龄和父母打工时间进行协方差分析发现，母亲外出的儿童希望感水平显著低于父亲外出打工的留守儿童。因此，较父亲而言，母亲外出对留守儿童希望感的影响较大。另外，针对留守儿童希望感的研究表明，希望感水平与留守儿童的积极应对密切相关。魏军锋认为，高希望感的个体表现出积极的应对行为，较低的希望感则表现出消极的应对。陆娟芝、赵文力等学者发现，在面对逆境的时候，具有高水平希望感留守儿童更可能采用积极的应对策略，化压力为动力直面挑战，努力问题解决。相反，低希望感水平的留守儿童往往会采用消极应对策略，从而导致生活满意度较低。另外，谭新春、范兴华、赵娜等学者在研究中还发现，希望感对留守儿童缓解抑郁、孤独感，提高生活满意度以及学业成绩等发挥正面的积极作用。范兴华和何苗针对相对缺乏父母关爱的留守儿童，考察了希望感对其孤独感的作用，结果显示，相对其他儿童，父母关爱相对较少的留守儿童的孤独感相对较高，而希望感在父母关爱对孤独感的负面预测作用中具有一定的保护作用；在同等水平的父母关爱条件下，希望感越高，留守儿童的孤独感则相对较低。

六、研究不足与展望

通过对于希望感概念、测量方式、相关理论以及研究现状的梳理，可以发现近年来，随着积极心理学的广泛发展，希望感作为其中重要的积极心理品质而得到广泛关注，也产出大量的多领域的研究成果，但是就目前来看，仍然存在以下几点不足需要深入研究和完善。

首先，目前有关希望感的研究主要源于西方，研究结果主要基于西方文化背景而得出的，许多中国的学者照搬西方结论，但是缺乏基于中国背景下的希望感深层次研究，最值得探讨的就是相同的影响，但是可能中国研究对象和西方研究对象的心理机制和原因是不同的，因为我们的社会背景和文化有着显著差异。

其次，目前有关希望感的研究侧重于希望感对个体的影响，对希望感的影响因素及其作用机制的相关研究仍非常欠缺。同时从文献梳理中可以发现，即使是同一个影响因素，不同学者的研究结论也存在差异，并且有关希望感影响因素的研究仍停留在单一变量维度，或者较少地关注研究对象深层次的心理原因，对个体的心理因素、社会因素、人格特征等多方面因素与希望感关系的研究相对匮乏。这就需要后来的研究要始终带着批判的眼光，从现实经验出发，不被现有研究成果所局限，尽可能地讨论不同影响因素、因素之间等多方面对希望感的影响机制。

最后，在目前国内外关于希望感的研究中，主要探讨的对象包括两大类：一是特殊群体，尤其是临床患者和心理疾病的人群，如癌症病人、抑郁症患者等；二是儿童，如幼儿、单亲家庭儿童等。但是综合来看，研究同质化较为严重，对于某一特定群体的研究缺乏深度和广度。例如，农村留守儿童正处于心理发展的一个非常重要的时期，但是由于父母亲的长时间缺席、看顾人的文化水平偏低、教育方法的不当、照顾不当等，使得农村留守儿童的心理及精神的需求得不到相应的满足。近些年，农村留守儿童的心理健康问题已引起了各学术界的广泛关注，但目前关于农村留守儿童希望感的研究却还比较匮乏。因此，希望感的研究应该深入留守儿童群体，分析家庭环境、社会环境等对他们的影响和心理机制，从而能够从根本上提出解决对策，帮助该群体能够更好更健康地成长。

第二节　农村留守儿童希望感的探索性研究

一、引言

希望感是人类调节情绪和保持身心健康的重要心理机制。如前所述，希望感属于积极心理学范畴，积极心理学主张用积极健康的心态去理解一个人。目前的抚养方式存在一些引人关注的问题，如隔代抚养中祖辈的溺爱。对于农村留守儿童的调查研究可从积极心理学的角度出发，从而为农村留守儿童的身心健康得以正向发展探寻更多可能的路径。基于此，本研究拟考察不同抚养方式类型下的农村留守儿童希望感情况，力求为农村留守儿童希望感的研究提供一些具有参考价值的成果，帮助农村留守儿童健康成长。

二、研究设计

(一)研究目的

了解农村留守儿童不同抚养方式下的希望感现状,为农村留守儿童希望感的研究提供一些理论依据。

(二)核心概念的操作化界定

本研究主要研究对象为农村留守儿童,在研究其希望感现状的基础上,探讨不同抚养方式类型下的农村留守儿童的希望感的差异。

1.抚养方式

"抚养,主要是父母、祖父母、外祖父母等长辈对子女、孙子女、外孙子女等晚辈的抚育、教养,抚养方式大致分为'双亲抚养'和'非双亲抚养'两大主要类型。"本研究将抚养方式操作化定义为"非双亲抚养"中的双亲家庭隔代抚养、父亲抚养、母亲抚养以及双亲家庭监护人抚养。

2.希望感

"希望感是在成功的动因(指向目标的能量水平)与途径(实现目标的计划)交叉所产生体验的基础上,所形成的一种积极的动机状态。"具体而言,包括目标、动力思维与路径思维三个部分。

路径思维是一种认知,包含两层意思;一层是为达到既定目标而制定的具体计划,另一层是坚信自己一定能够找到途径的想法。儿童想实现某个目标时,需要找到实现目标的办法与途径,并坚信"我能找到合适的方法(途径)达成目标"。

动力思维是一种动机因素,指为达到既定目标而持续的动力和信念,当孩子在遇到困难时,会用"我能行""我可以"等语言鼓励自己。

路径思维强调实现目标的方法,动力思维强调在实现目标过程中的信念，动力思维与路径思维相辅相成，缺一不可。

3. 农村留守儿童

"农村留守儿童是指由于父母双方或一方外出打工而被留在家乡并且需要其他亲人或委托人照顾的 1—17 岁儿童。"本研究将农村留守儿童界定为因父母双方或一方外出打工而被留在家乡并且需要其他委托人照顾的小学三至六年级的儿童。

（三）研究对象

本研究采用纸质版问卷，问卷面向重庆市黔江区 XX 小学的三至六年级所有学生。共发放纸质版问卷 500 份，问卷回收 494 份，回收率为 98.8%，剔除被试者未完整填写的问卷 6 份和单亲家庭的 74 份无效问卷，有效问卷 414 份，有效率为 82.8%。其中留守儿童有 267 名，占总人数的 64%，非留守儿童有 147 名，占总人数的 36%，本调查数据显示，农村留守儿童所占比例高于非留守儿童。男女生人数比约为 1 : 1，调查对象的构成情况见表 4—2—1。

表 4—2—1　本研究调查对象的构成情况

	项目	样本数	百分比
性别（N=414）	男	214	51.7
	女	200	48.3
年级（N=414）	三年级	75	18.1
	四年级	86	20.8
	五年级	122	29.5
	六年级	131	31.6
留守儿童抚养方式（N=267）	双亲家庭隔代抚养	108	40.4
	父亲抚养	39	14.6
	母亲抚养	91	34.1
	双亲家庭监护人抚养	29	10.9

（四）问卷设计

本次调查根据农村留守儿童的年龄特点，采用的是由施耐德等人提出、编制，赵必华和孙彦修订的《儿童希望感量表》（中文版）（详见附录七）。该量表以施耐德等人的希望感理论为构架，分别测量路径思维和动力思维，奇数题目测量动力思维，偶数题目测量路径思维。共计六个选项，采用 Likert 6 点评分法（"从不 =1"到"总是 =6"）总分在 6 到 36 分之间，得分越高，希望感越高。赵必华、孙彦等人对"儿童希望感量表"中文版的信度、效度进行了检验，克隆巴赫系数（Cronbach's Alpha）为0.728。

在量表的前面部分加入被试者的性别、年级、是否留守、抚养方式等人口统计学项目，以了解被试者的基本情况，便于统计分析。

（五）问卷发放与数据统计软件

1. 施测方法

在老师的帮助下，以班级为单位，统一指导学生填写，测试时间为10—15 分钟，问卷当场回收。

2. 统计处理

运用 SPSS17.0 软件对数据进行描述性分析、方差分析以及独立样本 t 检验。

三、调查结果分析

希望感能帮助孩子实现自我突破，完成既定目标，对孩子的成长具有积极意义。通过对问卷数据统计分析，本课题组发现，农村留守儿童与非留守儿童希望感存在差异，不同类型抚养方式下的农村留守儿童希望感水平存在差异，具体情况如下。

（一）农村留守儿童希望感现状分析

1. 农村留守儿童希望感总体情况分析

为了解农村留守儿童希望感现状，对 267 名农村留守儿童希望感进行频率分析，结果显示，农村留守儿童希望感的均值为 21.82（总分为 36 分），标准差为 5.331，近似于正态分布（见图4—2—1）。

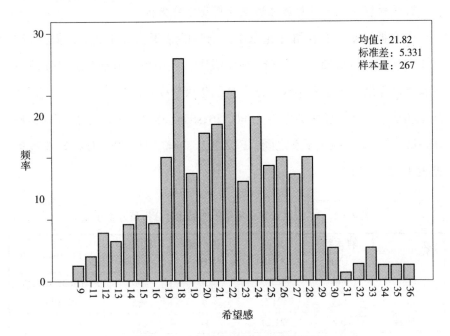

图4—2—1　留守儿童希望感统计图

2. 农村留守儿童与农村非留守儿童希望感差异分析

对农村留守儿童与农村非留守儿童的希望感得分进行独立样本 t 检验发现，农村非留守儿童的希望感（M=22.93，SD=5.721）与农村留守儿童（M=21.82，SD=5.331）的希望感存在统计意义上的差异（t=1.971，p<0.05），且农村留守儿童的希望感显著低于农村非留守儿童的希望感，见表4—2—2所示。

表4—2—2 农村留守儿童与农村非留守儿童希望感差异分析

	个案数	平均得分	标准差	t
非留守儿童	147	22.93	5.721	1.971*
留守儿童	267	21.82	5.331	

注：* 为 p<0.05。

3.农村留守儿童希望感描述性分析及方差分析

由数据可知，农村留守儿童中，男生的希望感（M=22.1）得分高于女生的希望感（M=21.5）得分；在年级中，五年级学生希望感得分最高，其次是四年级，再是六年级，最后是三年级学生；独生子女的希望感得分高于非独生子女，且性别之间（F=0.836，sig=0.354）、年级之间（F=0.490，sig=0.690）、是否独生子女之间（F=2.392，sig=0.128）都不存在显著差异，见表4—2—3所示。

表4—2—3 农村留守儿童希望感描述性分析及方差分析

	样本数 （N）	均值 （CHS）	极小值 （CHS）	极大值 （CHS）	
男	144	22.1	9	36	F=0.863，df=266，sig=0.354
女	123	21.5	9	35	
三年级	58	21.21	11	30	F=0.490，df=266，sig=0.690
四年级	70	21.89	11	33	
五年级	64	22.38	9	36	
六年级	75	21.77	9	36	
独生子女	21	23.52	11	36	F=2.392，df=266，sig=0.128
非独生子女	246	21.68	9	36	

（二）农村留守儿童抚养方式描述性分析及方差分析

对农村留守儿童抚养方式现状进行描述性分析发现，父亲抚养方式下儿童的希望感得分最低，双亲家庭监护人抚养方式下儿的希望感得分最高。

对农村留守儿童中各类型抚养方式的希望感得分进行方差分析，各抚养方式间差异显著（F=3.207，sig=0.024，0.024<0.05）。

（三）抚养方式对农村留守儿童希望感的差异性分析

1.农村留守儿童中双亲家庭隔代抚养与父亲抚养希望感的差异比较

对农村留守儿童的双亲家庭隔代抚养与父亲抚养希望感得分进行独立样本 t 检验发现，农村留守儿童中双亲家庭隔代抚养儿童的希望感（M=21.80，SD=5.148）与父亲抚养儿童的希望感（M=19.64，SD=4.126）存在显著差异（t=2.601，p<0.05），且双亲家庭隔代抚养儿童的希望感高于父亲抚养，见表4—2—4 所示。

表4—2—4　双亲家庭隔代抚养与父亲抚养希望感的差异比较

	个案数	平均得分	标准差	t
双亲家庭隔代抚养	108	21.80	5.148	2.610*
父亲抚养	39	19.64	4.126	

注：* 为 p<0.05。

2.农村留守儿童中父亲抚养与母亲抚养希望感的差异比较

在父亲抚养与母亲抚养中，父亲抚养儿童的希望感（M=19.64，SD=4.126）与母亲抚养儿童希望感（M=22.35，SD=5.574）存在显著性差异（t=-3.073，p<0.01），且母亲抚养儿童的希望感显著高于父亲抚养，见表4—2—5 所示。

表4—2—5　父亲抚养与母亲抚养的儿童希望感差异比较

	个案数	平均得分	标准差	t
父亲抚养	39	19.64	4.126	-3.073**
母亲抚养	91	22.35	5.574	

注：** 为 p<0.01。

3.农村留守儿童中父亲抚养与双亲家庭监护人抚养希望感的差异比较

本研究发现，父亲抚养（M=19.64，SD=4.126）儿童的希望感得分显著低于双亲家庭监护人（M=23.21，SD=6.014）抚养儿童的希望感得分（t=–2.748，p<0.01），见表4—2—6所示。

表4—2—6　父亲抚养与双亲家庭监护人抚养希望感的差异比较

	个案数	平均得分	标准差	t
父亲抚养	39	19.64	4.126	–2.748**
双亲家庭监护人抚养	29	23.21	6.014	

注：** 为 p<0.01。

第三节　研究发现及反思

一、研究发现

（一）农村留守儿童希望感低于农村非留守儿童希望感

由数据可知，农村留守儿童的整体希望感均值为21.82，农村非留守儿童的整体希望感均值为22.93，农村留守儿童希望感显著低于农村非留守儿童希望感（t=1.971，p<0.05）。留守儿童相对于非留守儿童与父母沟通的频率较少，亲子关系较弱，在情感上获得的支持较少，留守儿童在面对困难时不够自信，易动摇，影响其动力思维，进而影响其希望感。由数据可知，农村留守儿童的希望感总体水平不低。过去，对农村留守儿童的研究大多围绕其消极方面展开，而本研究通过对其希望感的研究发现，虽然农村留守儿童的希望感低于农村非留守儿童，但希望感总体水平不低，农村留守儿童并非完全负面，说明留守儿童身上存在希望感等积极的正向特质，尚待发掘。

（二）农村留守儿童中男生希望感得分高于女生，五年级儿童希望感得分较高，独生子女希望感高于非独生子女

调查结果显示，农村留守儿童中男生希望感得分（M=22.10）高于女生（M=21.50），这与罗月英的研究结果一致。但男、女生希望感不存在显著性差异（F=0.836，sig=0.354）。男孩子在生活中比较调皮，有自己的思考，动手能力较好，解决问题能力较强；女孩子虽更加感性、易哭，但家务活动可能却在一定程度上锻炼了她们解决问题的能力，从而可能在某种程度上增强了她们的希望感，最终导致其希望感水平与男孩子无显著性差异。

三至六年级儿童的年龄大概是 9 至 12 岁，随着年龄的增长，在认知上会存在一定差别。三年级学生具备一定的思维能力，能从事部分需要意志力支配的工作，但由于意志力薄弱，遇到困难和挫折容易动摇，动力思维较弱；四年级学生相对于三年级而言，意志力水平有所提高，但遇到复杂的事不易分辨，路径思维有待加强；五年级学生独立能力增强，心智较为成熟，解决问题能力强，动力思维与路径思维较强；六年级学生虽相对成熟，但其面临的考试、升学等会影响其路径思维。动力思维与路径思维都会影响学生的希望感。

相对于非独生子女，父母给予独生子女的时间、精力会更为充足一些，独生子女在遇到困境时会有更多的积极情感，希望感更高。

（三）双亲家庭监护人抚养儿童希望感较高，父亲抚养儿童希望感较低

由数据可知，双亲家庭监护人抚养儿童希望感的平均得分为 23.21，父亲抚养儿童希望感的平均得分为 19.64，且两者差异显著（t=-2.748，p<0.01）。在"监护人与你联系通常比较关心的内容是什么"这一题，双亲家庭监护人抚养的儿童中，选择"学习情况"的占 34.5%，选择"日常生活"的占 34.5%，选择"心理健康状况"只有 6.9%，"为人处事"占 6.9%，

选择"其他"的占 17.2%；父亲抚养的儿童中，"日常生活"的占 20.5，"学习情况"的占 53.8%，"心理健康状况"占 17.9%。究其原因，父亲关注的重点在于孩子的学习情况，孩子压力大，会产生一些负面影响，在面对困难时不够自信，思想上的动机及信念较少，找到解决问题的方法较少，从而可能导致其希望感较低。

（四）农村留守儿童中，父亲抚养儿童的希望感显著低于隔代抚养儿童的希望感

由研究数据可知，农村留守儿童中，隔代抚养的希望感（M=21.80，SD=5.148）显著高于父亲抚养的希望感（M=19.64，SD=4.126）（t=2.610，p < 0.05）。祖辈比父亲对孩子有更多的耐心和足够的时间，也有更多的精力陪伴孩子。祖辈的价值观、习惯、教育模式和思想虽不能完全与时俱进，可能会对孩子过度放纵、溺爱等，但对孩子的批评较少，孩子在实现目标的过程中会有足够的信心，增强孩子的动力思维，在一定程度上增加了孩子的希望感。通常父亲对孩子比较严厉、粗心，在生活中对孩子的表扬较少，虽会提升孩子的抗压能力，但在动力思维方面对孩子发展不利，易使孩子产生恐惧心理，影响孩子的希望感。

（五）农村留守儿童中，父亲抚养儿童的希望感显著低于母亲抚养儿童的希望感

本课题组研究表明，父亲抚养儿童的希望感（M=19.64，SD=4.126）低于母亲抚养儿童的希望感（M=22.35，SD=5.574），且差异显著。母亲是儿童最重要的依恋对象，也是儿童最经常的支持来源，相对于父亲，孩子与母亲的关系更加密切，且母亲会更多地参与到子女的学习和生活中。在生活中母亲更注意细节，可通过儿童的不同行为习惯了解孩子的思想，母亲善解人意，孩子在与母亲交流过程中会少很多心理压力。在家庭中，

父亲通常扮演更严厉的角色，对孩子的要求更高，生活中对孩子的肯定和赞美较少。母亲抚养的儿童在实现目标时更加自信，有更坚定的信念，相对于父亲抚养的儿童而言，其动力思维更高，希望感也更高。

（六）农村留守儿童中，父亲抚养儿童的希望感显著低于亲友监护人抚养儿童的希望感

在亲友监护人的抚养过程中，亲子关系不完整，子女与父母之间的关系被疏远。在亲友抚养子女的家庭中，监护人对儿童的态度较倾向于两极化：对孩子要么过于溺爱、过度照顾孩子，要么对孩子采取粗暴、专制的态度。但是，在亲戚的立场上监护儿童，相对于父亲抚养而言，对儿童没有过分与严苛的要求，孩子在生活中更易找到自信，在追寻目标时更易坚持，对生活充满希望感。

由数据可知，父亲抚养和监护人抚养的样本是最少的，虽不能代表总体情况，但也从侧面反映出农村留守现状。在农村，和祖辈生活在一起的留守儿童所占比例最大，其次是母亲，和父亲生活在一起的儿童最少，这与中国传统的思想有关，通常丈夫在外打拼，妻子在家照顾孩子。有的家庭为了给孩子创造更好的环境，把孩子交给爷爷奶奶或外公外婆抚养，从而可能导致了隔代抚养偏多。

二、反思

对农村留守儿童这一特殊群体的帮助离不开家庭和学校的共同作用，针对上述研究，本课题组提出以下建议。

（一）家长加强亲子交流频率，提高农村留守儿童希望感

条件允许下，父母应想方设法和孩子生活在一起，外出务工的父母可

将孩子带在身边，就近托管，避免长时间与孩子分离。无论是双亲在外或者有一方外出，都要加强与孩子的沟通，了解孩子的成长状况。在外的一方应该至少保证每周与孩子交流3—4次，可通过视频、电话等渠道进行。与此同时，在家的一方也要多与孩子交流，一定程度上帮助孩子解决生活和学习上的困难，减少孩子成长的压力，促进孩子的健康成长。在选择夫妻留一方在家照顾孩子这一问题中，建议可选择父亲在外，母亲在家照顾孩子。

父母不在身边时，与孩子接触最多的是其代理监护人，家长外出工作时必须尽量选择可靠、高素质且家庭氛围良好的监护人。若抚养者为老人，则需要和老人沟通教育观念，不要过分溺爱；若抚养者为亲友，则需要多与亲友沟通，关注孩子的心理健康与成长。

（二）教师对农村留守儿童去标签，挖掘留守儿童的积极特质

教师对留守儿童不贴问题标签，要看到"农村留守儿童"不能等同于"问题儿童"，在他们的身上仍然存在很多积极的特质。长期的亲子分离，可能使得留守儿童在面对生活的困境时有更多的毅力去面对，相对于非留守儿童更加早熟，即使在面对困难时也可能会努力找到更多的途径去解决。教师在面对留守儿童时可多挖掘其积极特质，如善良、乐于助人等，鼓励留守儿童发展自己的优势，扬长补短。

在学校教育中，针对留守儿童可适当增加希望感的教育培训，旨在帮助他们正确地审视自身能力、特长，制定合理的学习目标。首先，加强留守儿童路径思维的培养，使他们在面对问题时能迅速做出正确的选择，提高解决问题的能力，更快地适应生活环境，可通过创设情境法，让孩子在创设的情景中扮演角色，设定目标，找到实现目标的多种方法。其次，加强留守儿童动力思维的培养，让孩子在面对困难与挫折时能自我鼓励，在生活学习中增加成就感，老师可以指导孩子阅读一些充满希望的、励志的、正能量的故事，激励孩子找到自信，学会自我鼓励、自我欣赏。

（三）关注低希望感群体

希望感低的群体更有可能放弃提升与完善自我的机会，因此建议在全面正确地评估希望感的基础上，对低希望感留守儿童给予特别关注。合理利用同伴支持，鼓励具有高希望感的孩子与低希望感的留守儿童结成伙伴，为低希望感的孩子寻找一个现实榜样，通过日常交往，伙伴间相互学习、相互帮助，从而能提高整体的希望感水平。男生希望感得分比女生的更高，独生子女希望感得分比非独生子女希望感更高，建议老师对女生和非独生子女花更多时间与精力，给予这些低希望感群体更多耐心与关心，努力提升其希望感。

（四）注重家校沟通

家校沟通是教育的重要组成部分，教师应该加强家校沟通，特别是对留守儿童。为更加全面地了解留守儿童的成长过程，利于教学管理，在条件允许的情况下，建议老师运用家访、家长会、电话沟通等途径，了解留守儿童的心理特点，有针对性地对每一个孩子进行指导与帮助。父亲对孩子往往比较严厉，在沟通过程中教师可多引导父亲树立榜样作用，帮助孩子学会自我肯定，多给孩子表扬与肯定；对于父亲抚养的留守儿童，由于其希望感较低，教师需花更多时间与精力对这类型孩子进行家访。男孩子在生活中比较调皮，有自己的思考，动手能力一般也较好，在问题解决方面的思维比较灵活，可让女孩子适度学习男孩对问题解决的思考模式等；女孩子比较敏感，在生活中由于家务劳动，锻炼自己的机会较多，在锻炼中虽会培养解决问题的能力，但在实际过程中可重点帮助女生学会找到解决问题的途径与方法，同时给予女孩子更多鼓励与关爱。

农村留守儿童值得每一个人去关注，由于社会的各种因素，对他们的成长造成了困扰。他们的自我认同感较差，缺乏自信，容易表现出自卑等消极心理，而希望感能在较大程度上促进留守儿童的健康成长，帮助他们积极面对生活，因此对希望感的研究具有积极的教育意义。希望本课题组的探索研究可以对农村留守儿童希望感的提升提供一些理论支持；更期待本研究起到抛砖引玉的作用，会出现更多关于农村留守儿童希望感的优秀研究，扎扎实实提升农村留守儿童的希望感水平，切实促进农村留守儿童的健康成长。

第五章　感恩积极心理品质的探索性研究

第一节　感恩研究综述

"感恩的心，感谢有你，伴我一生让我有勇气做我自己；感恩的心，感谢命运，花开花落我一样会珍惜"，如同歌词中所描述的那样，"感恩"是个体在生活中的一个重要因素，与幸福、快乐有较为紧密的关联。这种关联不仅仅在宗教教义、经典文学、励志书籍、情感文章等作品中有体现，也被各学者通过学术研究进行了证实。在积极心理学中，感恩作为"积极心理"的重要因素之一，也是学者们分析和研究的对象。

一、概念介绍

感恩（gratitude）是一种对人或事物提供的帮助、善意、礼物等所具有的一种强烈的感激之情。在不同的文化环境中，"感恩"的表达方式虽然各有不同但也在其文化语境中处于重要地位。尽管有学者认为在学术领域，对"感恩"的研究还较为不足，但随着积极心理学的兴起，关于感恩的研究也逐渐开始得到重视①，伍德等人更是将感恩列为积极心理特质的典范。

（一）感恩的定义

根据不同的研究目的和研究者，感恩被看作一项美德、特质或情绪等，在不同的定义下，研究者们使用的理论框架以及测量问卷，甚至于对于感恩的理解都有所差别。由此可以看出，"感恩"目前并没有一个固定的定义，而作为不同的类别，学者分别给予了相符合的概念说明。鉴于感恩定义的多样性和复杂性，以及本章的介绍性目的，本节并不试图采用关于感恩的某一特定概念或自行定义感恩，而是尽可能多地将已有的感恩定义以及相关研究进行初步呈现。

1. 作为情绪的感恩

美国社会心理学家弗里茨·海德将感恩定义为人们从他人行为中获益从而产生的即时性的感激，②并且认为，感恩情绪的出现产生在受恩者与施恩者之间；而埃蒙斯与克拉蒙普勒则认为感恩情绪的发生不仅仅出现在人际交往之间，对于如同"上帝、自然、个体自己"等情境下也会产生感恩情绪③，并称其为"超人际感恩"④。拉扎勒斯认为，感恩也取决于与他人产生同感的能力，故将其归纳为一种移情情绪，并且这种情绪是一种对

---

① 何安明、刘华山、惠秋平：《大学生感恩内隐效应的实验研究》，《心理发展与教育》2013年第1期。

② Emmons, R. A.& Shelton, C. M., *Gratitude and the Science of Positive Psychology*, C. R. Snyder & Shane J. Lopez（edit），handbook of positive psychology, OXFORD UNIVERSITY PRESS，2002, p.461.

③ Emmons, R. A.& Shelton, C. M., *Gratitude and the Science of Positive Psychology*, C. R. Snyder & Shane J. Lopez（edit），handbook of positive psychology, OXFORD UNIVERSITY PRESS，2002, p.461.

④ 张利燕、侯小花：《感恩：概念、测量及其相关研究》，《心理科学》2010年第2期。

于施恩者与受恩者来说都是有益的"礼物"（因为受恩者必须理解施恩者的积极意图，而施恩者则需要了解受恩者的需求）。

2. 作为特质的感恩

埃蒙斯与克拉蒙普勒认为感恩不仅仅是一种即时性情绪，他们也认可其作为稳定状态存在，作为特质的感恩，他们把这种特质称为感恩倾向（gratitude disposition）："是一种能够识别他人在积极体验时所提供的帮助以及自己所得到的恩惠，并且能够带着感激心情对之做出反应的一种普遍化倾向"①，并将这种倾向划分为强度、频度、广度和密度四个方面。伍德等学者将这种感恩特质总结为"注意并感激世界中积极面的广泛生活倾向"②。瓦特金斯等把感恩看作是一种人格特质并将其操作化，编制出感恩怨恨和感激量表 GRAT（The Gratitude Resentment and Appreciation Test），并指出感激的思维能够提升心情③，具有感恩特质的个体具有：①没有被剥削感，②易于对恩人产生感激和热情，③倾向于赞赏简单而细节的快乐，④认可感激和表达感激的重要性这四个特征。

3. 作为道德的感恩

积极心理学之父塞利格曼与皮特森合作发表的《人格力量与美德手册（CSV）》中将感恩列为精神卓越美德下的优势④，他们强调意识层面的感恩，把其定义为感知到接受礼物的感谢和愉悦⑤；麦卡洛，埃蒙斯

① 申正付、杨秀木、赵东诚等：《大学生感恩品质量表的初步编制》，《中国临床心理学杂志》2011 年第 1 期。

② Wood, A. M., Froh, J. J. & Geraghty, A. W. A., Gratitude and well-being: A review and theoretical integration, *Clinical Psychology Review,* 2010, p.890–905.

③ Watkins, P. C., Woodward, K., Stone, T., Klots, R. L., Gratitude and happiness: Development a measure of gratitude, and relationships with subjective well-being, *Social Behavior and Personality,* 2003, pp. 431-451.

④ Seligman, M., Peterson, C., *Character Strengths and Virtues: A Handbook and Classification,* Oxford university press, 2004, p.553.

⑤ 蒲清平、徐爽：《感恩心理及行为的认知机制》，《学术论坛》2011 年第 6 期。

等人从道德晴雨表功能、道德动机功能和道德激励功能三个层面展开论述，认为感恩是一种道德情感，能够"（1）使人感受到因他人的道德行为而获益；（2）促使具有感恩之情的个体对恩人或其他成员的亲社会行为；（3）表达感激之情时，鼓励个体在未来的道德行为"。[①] 作为美德的感恩被认为是推动个体关心他人和社会，传递支持性道德情感的要素。

（二）感恩的结构

除了上文中提到的埃蒙斯与克拉蒙普勒将感恩特质划分为四个层次以外，从感恩的构成来看，感恩的单因素或多因素构成也是学界一直在探索的问题：麦卡洛等编制的 GQ-6（T 感恩量表—6）量表是用以测量个体在感恩倾向上的单因素自陈式量表；而瓦特金斯等人编制的感恩怨恨和感激量表 GRAT 和艾德勒与法格利的感激量表（Appreciation Scale，AS），以及国内学者申正付等编制的大学生感恩品质量表，何安明等人编制的青少年感恩量表（Adolescent Gratitude Scale，AGS）等则是多因素量表。从量表的编制来看，学者们大多认为感恩是多因素的，但伍德等人在 2008 年利用 GQ-6、GRAT 和 AS 量表进行的研究结果验证了感恩的单因素结构。因此，感恩究竟是单因素还是多因素是有待进一步的研究证实。

除了从维度的角度出发以外，学者们还从过程入手来探索感恩的构成：张桂权将感恩分为识恩（识别恩惠）、记恩（将恩惠纳入记忆）、谢恩（表达谢意）和报恩（行动回报）这四个环节。蒲清平和徐爽从心理过程入手，将感恩分为知恩（感恩意识）—感恩（感恩情绪）—报恩（感恩行

[①] Mc Cullough, M. E., Emmons, R. A., Kilpatrick, S. D., Larson, D. B., Is Gratitude a Moral Affect? Psychological Bulletin, *Psychological Bulletin,* 2001, pp.249-266.

为）三个方面，并指出因受惠者和施恩者角色的不同其感恩的心理过程也有所差别："受惠者的感恩心理机制是知恩—感恩—报恩，而施恩者的感恩心理机制是报恩—知恩—感恩"①。而蒲清平和徐爽的分类，又与周元明提出的感恩三层次"认知、情感、实践"互相对应。

（三）感恩的分类

从时间的角度来看感恩，感恩又被分为以静态为主的特质感恩，以及以动态为主的状态感恩："特质感恩是不同个体认知他人给予恩惠并产生正性反馈的稳定倾向；而状态感恩是个体得到帮助后产生短暂的感恩情绪，状态感恩促进报答行为。"② 何安明等人编制的青少年感恩量表就是基于特质感恩的定义进行的操作。伍德等人进行的实验研究表明特质感恩是客观情况与状态感恩之间的调节变量，并指出："特质感恩的调节效应会出现在利益评估与状态感恩与客观情况的关系不同的时候，如，在客观利益较低的情况下具有高特质感恩的个体更可能引发状态感恩；而在客观利益较高的情况下，无论是否具有高特质感恩，个体都会引发状态感恩。"③

从感恩的对象来看，感恩被分为个人感恩和超个人感恩。赵国祥、陈欣通过开放式问卷和访谈，将初中生感恩分为人物取向、事物取向和道义取向三个维度。葛琳等学者将个人感恩细分为父母之恩、老师之恩，将超个人感恩细分为国家之恩、大地之恩、天地自然之恩。林志哲、叶玉珠在编制大学生感恩量表时又加入了宗教因素，把感恩分为感谢他人、感念恩典、知足惜福、感谢逆境、珍视当下五个维度。在个人感恩层面，有学

---

① 蒲清平、徐爽：《感恩心理及行为的认知机制》，《学术论坛》2011 年第 6 期。
② 蒲清平、徐爽：《感恩心理及行为的认知机制》，《学术论坛》2011 年第 6 期。
③ Wood, A. M., Maltby, J., Stewart, N., Linley, P. A. & Joseph, S., A social-cognitive model of trait and state levels of gratitude, *Emotion,* 2008, pp.281-290.

者专门论述了人际感恩，指出人际感恩的产生除了受恩者以外，还包括施恩者与受恩者双方的关系等因素的影响，涉及个体、二元、团体三个层面①。

从感恩的主观性状态来看，感恩被分为外显感恩和内隐感恩，这是由国内学者何安明等人提出的，他们认为当前的感恩测量均以自评式的直接测量为主，而忽略了个体内省性等因素造成的偏差，便结合了社会领域中的内隐—外显社会认知分离论，将传统的感恩概念视为外显感恩，又进一步提出了内隐感恩："指个体在认识到施恩者所给予自己的恩惠或帮助基础上产生的一种无意识或者自动化的感激并力图有所回报的情感特质"②。内隐感恩与外显感恩最本质的区别是，个体对于感恩的体验是否是无意识、无法控制的。通过对大学生的两次测量和数据分析，外显感恩与主观幸福感显著正相关，内隐感恩与主观幸福感不相关，外显感恩与内隐感恩之间不相关，说明这两种感恩分类之间相互独立。而这两种种类不同的感恩，其内在机制究竟存在什么样的差异，则还需要进行进一步的研究。

二、相关理论

海德在《人际关系心理》中提出"归因"，指出人们在归因时常使用不变性原则寻找某一特定结果与特定原因之间的不变联系。美国认知心理学家伯纳德·韦纳发展了归因模型（attributional model），该模型强调了情绪反应的主要决定因素是关于事件的因果评估，并指出情绪具有

---

① 梁宏宇、陈石、熊红星等：《人际感恩：社会交往中重要的积极情绪》，《心理科学进展》2015 年第 3 期。
② 何安明、刘华山、惠秋平：《大学生感恩内隐效应的实验研究》，《心理发展与教育》2013 年第 1 期。

结果依赖型和归因依赖型两种类别，而感恩属于归因依赖型，[①] 在这样的理论框架中，人们把愉快的结果归于另一个因素从而引起感恩。对于感恩情绪的归因研究发现，感恩情绪的出现往往基于：①对受惠结果的正向评价，②把积极结果归因于外部因素，③施惠者的行为是有意的这三类归因 [②]。

罗森伯格提出了情感体验理论，该理论认为，情感体验一般可以从情感特质、心境和情绪这三个层面来进行分析。如果将感恩看作是一种情感体验的话，也可以从这三个层面来理解感恩（这也许也是感恩有多种定义的原因之一）。

芭芭拉·弗莱德瑞克森提出了拓宽—建构理论（broaden-and-build theory），该理论基于两个前提假设：①假定情绪能够产生具体的行为倾向；②假定情绪能够激发人们产生某种行为倾向，从而使用行为来解释情绪 [③]，并且认为积极情绪能够拓宽和构建个体资源。而上文提到的麦卡洛等提出了道德情感理论，指出感恩对于个体的道德行为有促进作用，这种道德情感理论也佐证了拓宽—建构理论：即个体通过感恩感知到他者的道德行为并因此获益，从而强化了自身的道德行为和亲社会行为，在这个过程中报恩行为是感恩激发的行为倾向，并且拓宽并建构了个体的社会资源、心理资源等。

伍德等人通过对特质感恩、状态感恩以及情境因素的实验研究，提出了感恩的社会认知模型。此模型分析了特质感恩与状态感恩之间的联系，以及特质感恩对于状态感恩的调节作用：特质感恩与情境要素共同影响个

---

① Emmons, R. A.& Shelton, C. M., *Gratitude and the Science of Positive Psychology*, C. R. Snyder & Shane J. Lopez（edit），handbook of positive psychology, OXFORD UNIVERSITY PRESS, 2002, p.461.

② 元江、陈燕飞：《感恩：积极心理教育新视角》，《中小学心理健康教育》2010 年第 9 期。

③ 郑久波：《感戴理论模型及其应用研究的进展》，《文化教育》2011 年第 8 期。

体的利益评估，而利益评估会导致个体的状态感恩。

何安明等学者在对感恩进行界定的基础上，提出了本土化的感恩三维结构理论。该理论将感恩定义为："个体在认识到施恩者所给予自己的恩惠或帮助基础上产生的一种感激并力图有所回报的情感特质，是知、情、意、行的有机统一，是一种积极的、具有社会道德意义的人格特质。"① 并将其操作化为对象、操作和内容三个维度，每个维度又细分了类型，从而组成了 12 种基本的感恩类型（如图 5—1—1 所示）。该理论包括了上述理论中对感恩的状态、操作及对象定义，根据中国文化的情境强调了对"表达和回报"的重视。但该理论只是研究者的初步建构，还有待进一步证实。

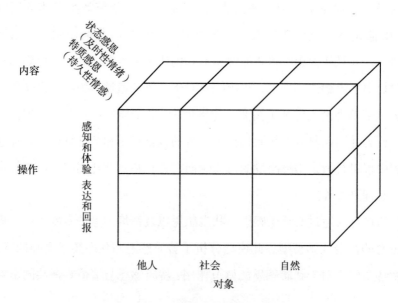

图 5—1—1　感恩的三维结构理论

① 何安明、刘华山、惠秋平：《感恩三维结构理论模型的建构》，《心理研究》2013 年第 3 期。

三、感恩相关研究

（一）感恩测量研究

对于感恩的测量，目前往往集中在感恩特质的测量上，而在这个方面较为常见的是 GQ-6 量表与 AS 量表、GRAT 量表。国内的量表则大多是基于这三种量表的翻译和修订版，如陈等、孙文刚等；以及基于国外理论的量表编制，如依据麦卡洛等的感恩四层次，马云献等人编制了感戴自评量表；而较有突破性和本土性的是申正付等基于自身提出的感恩三维结构理论编制的大学生感恩品质量表，以及何安明等人同样基于该理论编制的青少年感恩量表。除此之外，也有学者提出了针对儿童群体的感恩测量方法，以及工作场景中的感恩测量。

GQ-6 量表是一个单因素自陈式量表，包含 6 个项目，用来测量个体在感恩情绪体验中频度、强度、密度等方面的差异。GQ-6 问卷采用 7 点计分里克特记分量表，其中 3、5 题为反向计分题，该量表的得分越高，表示个体的感恩倾向越高。国内学者魏昶等人利用 GQ-6 的中文修订版在中国青少年群体（广州市初一至高二年级 1309 名学生）中进行了测试，测试表明修订后的感恩问卷与原问卷的拟合度较高，效标效度良好（$\beta 1=-0.40$，$\beta 2=-0.41$，$\beta 3=0.30$，P 值均 <0.01），内部一致性信度、分半信度和重测信度分别为 0.81，0.82 和 0.70[①]，可以作为中国青少年感恩的有效测量工具。

AS 量表是测量感恩特质的多因素自陈式量表，包含财产拥有（"Have" focus，对于个体拥有的积极有形或无形资产的关注）、敬畏（Awe，敬畏的频度）、仪式（Ritual，展示感激之情的特定行为）、当下感

---

① 魏昶、吴慧婷、孔祥娜等：《感恩问卷 GQ-6 的修订及信效度检验》，《中国学校卫生》2011 年第 10 期。

（Present moment，关注积极面的特定时刻）、自身／社会比较（Self/social comparison，积极情感的产生可能是因为生活有变得更糟的可能）、感恩行为（Gratitude，被用来表达感恩的行为）、失去／逆境（Loss/adversity，感激会通过了解万物无永恒而发生）、人际感恩（Interpersonal，对他人的感恩之情）这 8 个分量表，共有 57 道题，该量表采用 7 点计分[①]。

GRAT 也是测量多维感恩特质的自陈式量表，其包括感激他人分量表（测量对他人的感恩）、简单感激分量表（测量对非社会来源的感恩）和充实感分量表（评估个体的匮乏感），该量表共 44 个题目，采用 5 点计分，具有较高的重测信度（2 周到 2 月之间相关系数为 0.90）和内在一致性（α=0.92）[②]。

马云献等学者的感戴自评量表包含感戴深度分量表、感戴频度分量表、感戴广度分量表以及密度分量表，共 14 个项目，并通过随机抽取的河南大学生样本进行了量表的信度、效度检验，该量表的重测信度为 0.701，内部一致性系数 α=0.78，内容效度与构想效度良好，模型拟合度较理想[③]。

申正付等与何安明等编制的感恩量表都是基于感恩三位结构理论编制的，只不过其面对的测量对象有所差异，申正付等人的大学生品质量表将感恩维度划分为：感恩认知（识恩、知恩、感恩理解、感恩对象）、感恩情感（珍惜感、亏欠感、满足感）、感恩行为（记恩、谢恩、报恩、施恩），包括 78 个项目，采用安徽的大学生样本通过整群采样收回有效问卷 1111 份，2 周后重测，其检验结果表明该问卷的拟合指标在较理想的范围内具有结构效度，总量表的重测信度为 0.943，α 系数为 0.935，分半信度为

---

① Alex, M., Maltby, John, Stewart, Neil & Joseph, et al., *Conceptualizing gratitude and appreciation as a unitary personality trait*, Personality & Individual Differences, 2008, pp.621-632.

② 张利燕、侯小花：《概念、测量及其相关研究》，《心理科学》2013 年第 2 期。

③ 马云献、扈岩：《大学生感戴量表的初步编制》，《中国健康心理学杂志》2004 年第 5 期。

0.911[1]。而何安明等的青少年感恩量表（AGS，Adolescent Gratitude Scale）从恩惠的来源（社会、自然、他人）以及感恩的操作层面（感知和体验；表达和回报）进行了操作化，二者相互组成形成了 AGS 量表的六个因素，该量表共包含 23 个条目，采用 5 点计分李克特量表，收到 1809 份正式测量数据进行检验，结果表明该问卷具有良好的信度和效度（6 个因素的内部一致性系数在 0.61 到 0.75 之间，总量表的内部一致性系数 α=0.84；6 个因素和总量表的重测信度均在 0.78 以上，与 GQ-6 量表的相关系数为 0.50***[2]）。

还需要一提的是，何安明等学者提出了内隐感恩概念，并利用 IAT（内隐联想测验），GNAT（内隐联想任务）实验程序编制了 IAT 和 GNAT 感恩测量程序并进行了针对青少年群体的感恩测验，结果表明："青少年感恩量表与用 IAT 和 GNAT 内隐感恩测验方法测量到的是个体两个不同层面的感恩，即个体同时存在着外显感恩和内隐感恩"和"采用 IAT 和 GNAT 研究感恩是可行的"。[3]

（二）感恩与个体因素

1. 感恩与人口因素

感恩与人口因素的研究，往往基于感恩特质在不同性别、学历、政治环境等不同因素下是否具有差异而展开。伍德等人通过利用 GQ-6、GRAT、RS 量表测量发现，不同性别的个体在感恩特质上有所差别，而这种差别也被国内学者通过各个调查进行了验证：惠秋平、何安明等使用

---

[1] 申正付、杨秀木、赵东诚等：《大学生感恩品质量表的初步编制》，《中国临床心理学杂志》2011 年第 1 期。

[2] 何安明、刘华山、惠秋平：《基于特质感恩的青少年感恩量表的编制——以自陈式量表初步验证感恩三维结构理论》，《华东师范大学学报（教育科学版）》2012 年第 2 期。

[3] 何安明、刘华山、惠秋平：《大学生感恩内隐效应的实验研究》，《心理发展与教育》2013 年第 1 期。

自编的 AGS 量表测出，男生的感恩特质总分高于女生，理科生的感恩得分高于文科生。而与他们的结果稍有不同的是，蒲清平等在对重庆大学的大学生进行的感恩品质研究中发现：不同性别大学生在感恩重要性评价、感恩情绪强度和感恩情绪密度上均有存在差异，女生对感恩重要性的评价显著高于男生（P=0.025），女生在感恩情绪的强度上显著高于男生，但是在感恩情绪密度上男生高于女生，达到边际显著。

另外，蒲清平等还发现，不同政治面貌的大学生在感恩意愿、社会因素和关爱他人因素上存在显著差异，学生干部与非学生干部在感恩的重要性评价、感恩行为上存在显著差异，其中学生干部的得分均高于非学生干部[1]。杨柳等学者通过对安徽省 172 名护士长进行问卷调查，发现护士长的五大显著性格优势中包括感恩感激，并且感恩感激与年龄的增长呈正相关。

2. 感恩与人格特质

感恩作为一种积极倾向，与其他人格特质之间的关联也是学者们研究的重要部分：通过研究发现，感恩与孤独感呈显著负相关，感恩显著正向预测人际宽恕（β=0.42，P<0.001）；个体的责任心特质与感恩之间呈正相关，而个体的公正世界信念越强，越倾向于对他人的帮助产生感恩，另外父母情感温暖可分别通过责任心和公正世界信念间接地影响青少年的感恩。感恩特质可通过一般积极情感特质来提升自我控制特质，并且感恩特质对自我控制特质具有比一般积极情感特质更强的效应。这种感恩与积极特质之间的正向关系不仅仅是当下的关联，一项长达四年的纵向研究发现：感恩能够预测家庭支持、信任、自我调节状况。

另外，伍德对大五人格与感恩特质之间的关系进行了研究并发现：大

---

[1] 蒲清平、高微、苏永玲等：《高校大学生感恩心理现状及培养对策——以重庆为例》，《中国青年研究》2011 年第 5 期。

五特质与感恩均相关，具有高感恩特质的个体，也更加具有外倾性、开放性、责任心、宜人性和更低的神经质；另外，感恩与愤怒、抑郁、脆弱等特质呈负相关；与温暖、集群性、积极情绪、信任等具有显著正相关。①

3. 感恩与健康

感恩与心理健康之间具有强相关，研究发现高感恩的个体较少地感受到抑郁，从建构—扩展理论可以看出，感恩等积极情绪与郁闷等消极情绪呈负相关，经常体验感恩可以让人更健康，感恩的积极干预可以减少个体的病理学症状。代维祝等发现，感恩对青少年的问题行为有抑制作用；何安明等通过对河南省大学生的纵向调查，验证了横向意义(同一个时间点)上感恩特质与抑郁的负相关关系，同时也验证了在纵向意义(时间线) 上，感恩与抑郁具有互相预测的关系②。林琳、刘羽等研究了大学生的反刍思维与自杀意念之间的关系，并指出感恩在这个过程中起调节作用："感恩是大学生应对绝望、降低自杀意念水平的重要心理资源，可以在一定程度上缓解绝望带来的不良后果"。③

除了感恩与心理疾病或健康预测之间的研究，学者们还从患病者本身的切入点来进行感恩与健康发展的研究。李静等探讨了感恩干预对老年高血压病人的自我管理水平的影响，发现感恩干预可以提升病人的心理状况和自我管理水平，从而有利于治疗效果的提高④；张玉洁、赵国祥等发现在受艾滋病影响的儿童群体间，感恩在自我和谐与人际信任之间起完全中

---

① Wood, A.M., *Individual differences in gratitude and their relationship with well-being*, University of Warwick，2008.

② 惠秋平、何安明、李倩璞：《大学生感恩与抑郁症状的关系》，《中国心理卫生杂志》2018 年第 11 期。

③ 林琳、刘羽、王晨旭等：《绝望与感恩在反刍思维与大学生自杀意念之间的作用：一个有调节的中介模型》，《心理与行为研究》2018 年第 4 期。

④ 李静、李荣、张会敏等：《感恩干预对社区老年高血压病人自我管理水平的影响》，《护理研究》2017 年第 2 期。

介作用，中介效应占总效应的36.07%[1]；王新起等探讨恶性血液病住院患者心理健康状态及与感恩、领悟社会支持的关系，指出感恩在领悟社会支持对心理健康的状态的预测中起中介作用[2]。这些研究均表明：在患病的个体中，感恩对于个体的心理以及健康状况的提升有正向影响，这种正向影响不仅仅体现在感恩与健康的直接相关，还体现在感恩在其他因素的中介/调节作用，以及感恩通过影响心理、状态等因素来进一步影响健康。

（三）感恩与幸福感

感恩与幸福感的联系是积极心理学领域最为热门的研究领域之一，赛里格曼与彼得森在24个积极心理特质中测量出感恩与幸福之间的关联是24个积极特质中最强的（r=0.43）[3]。当前感恩与幸福感之间的关联聚焦于主观幸福感（subjective well-being，SWB），众多研究表明，无论是主观幸福感整体还是其分维度，感恩都与它们有正向关联。在感恩与主观整体方面，瓦特金斯等、麦卡洛等、弗罗等的研究均证实了二者之间的正相关，而感恩与生活满意度相关，也与积极情绪正相关[4]。李兆良和周芳蕊研究了大学生内隐感恩和外显感恩与主观幸福感的关系，进一步证实了外显感恩与主观幸福感的正相关，但指出内隐感恩对大学生的主观幸福感无显著影响[5]。

---

[1] 张玉洁、赵俊峰、祝庆等：《受艾滋病影响儿童的自我和谐、感恩与人际信任》，《中国心理卫生杂志》2013年第12期。

[2] 王新起、李秋环、张红静：《恶性血液病住院患者心理健康状态及与感恩、领悟社会支持的关系》，《山东大学学报（医学版）》2018年第9期。

[3] Wood, A.M., *Individual differences in gratitude and their relationship with well-being*, University of Warwick.

[4] 丁凤琴、赵虎英：《感恩的个体主观幸福感更强？——一项元分析》，《心理科学进展》2018年第10期。

[5] 李兆良、周芳蕊：《大学生内隐感恩与外显感恩对主观幸福感的影响》，《中国临床心理学杂志》2018年第4期。

除了两因素间的相关研究，感恩干预以及纵向研究更进一步从因果关系角度来了解感恩与主观幸福感这二者之间的关系：伍德等人 4 个月的纵向研究结果证实了"感恩—幸福感"的预测关系；感恩干预研究则表明了感恩可以增加个体幸福感，感恩是幸福感的前因变量。

感恩对幸福感的影响研究主要基于中介模式和调节模式[1]，魏昶等发现，感恩是留守儿童生活满意度的促进因素，而郁闷抑郁在其中具有中介效应[2]；另外在感恩与主观幸福感的影响过程中，社会认知、个体资源、目标、应对方式、积极情绪等都具有中介作用。

（四）感恩与社会支持和社会行为

已有的研究表明，感恩有助于增强亲社会行为，感恩显著正向预测亲社会行为（β=0.31，P<0.001）[3]，社会支持对感恩所具有的直接的预测作用与社会支持度呈显著正相关；父母情感温暖可以显著正向预测青少年的感恩，感恩不仅能促使个体帮助施恩者，也能促使个体帮助社会中的其他人，这种情况被称为"上行互惠（upstream reciprocity）"。

另外，研究者们还从社会支持、社会行为与其他因素，如人格、情绪等方面入手，探索感恩与其关联，以及感恩对这种关联的调节 / 中介效应。何安明等人研究发现，"社会支持既直接影响孤独感，也通过感恩这一中介变量间接作用于孤独感，社会支持水平越高，个体所获得的感恩体验就越多，从而导致更少孤独感的产生"[4]，安连超等人研究发现，感

---

① 喻承甫、张卫、李董平等：《感恩及其与幸福感的关系》，《心理科学进展》2018 年第 7 期。

② 魏昶、喻承甫、洪小祝等：《留守儿童感恩、焦虑抑郁与生活满意度的关系研究》，《中国儿童保健杂志》2015 年第 3 期。

③ 安连超、张守臣、王宏等：《大学生宗教信仰、感恩、人际宽恕与亲社会行为的关系》，《中国临床心理学杂志》2018 年第 3 期。

④ 何安明、惠秋平、刘华山：《大学生社会支持与孤独感的关系：感恩的中介作用》，《中国临床心理学杂志》2015 年第 1 期。

恩在宗教信仰与亲社会行为间起部分中介作用，中介效应占总效应比为40.0%。叶婷和吴慧婷发现，在低家庭社会经济地位（SES）与青少年的社会适应行为之间，感恩具有补偿效应，但调节效应不显著。

在另一些情况下，则是由其他因素作为中介／调节变量，对感恩以及与特定行为之间的关联产生影响。如杨强、叶宝娟调查了1319名青少年，发现"领悟社会支持在感恩与青少年生活满意度之间起着部分中介作用"[1]，才源源等探索了感恩对绿色消费意愿之间的影响，研究发现了感恩（对社会感恩、对自然感恩和剥夺感缺失）对绿色消费意愿有正向影响，并且指出不同的感恩维度对绿色消费影响各有不同。赵科等发现在感恩与青少年学业成就之间，幸福感起完全中介作用，而"感恩通过幸福感对学业成就的影响随社会支持水平的增加而增加"[2]。

四、总结与展望

综上所述，无论是作为情绪、特质还是美德的感恩，都与生活和心理上的积极因素相关联，并促进个体向健康、幸福的状态发展，但感恩研究正处于发展阶段，因此建议未来相关研究的方向可以将以下几个方面纳入考虑。

（一）"感恩"的含义确定及测量方法研究

由于目前关于感恩的定义仍处于"各执一词"的状态，并没有关于感恩的更多认可的定义，在不同的学科背景下，感恩的意义也存在不同的解释，其注重的研究侧重点也形成了差异。如有学者从文化的视角来看待感

---

① 杨强、叶宝娟：《感恩对青少年生活满意度的影响：领悟社会支持的中介作用及压力性生活事件的调节作用》，《心理科学》2014年第3期。

② 高长松、赖怡、孙丽婷：《中学生幸福感和社会支持在感恩与学业成就间的调节作用》，《中国学校卫生》2018年第3期。

恩，其研究重点为感恩文化的形成及与感恩有关的社会现象；在教育学方面，感恩教育成为研究重点，感恩行为、感恩意识是此类研究的重点等。多元的"感恩"定义和视角要求研究者在未来的研究中，需要首先确定其研究的感恩属于何种范畴，并给出相应的定义、组成等要素，并在此基础上进行深入研究。

相应地，不同定义下的感恩所采取的测量方式和题目也有所差异，但目前的感恩测量大多数都是基于感恩特质的测量，而情绪感恩和美德感恩的测量方法还有待开发。

（二）研究对象的群体多样化

由于感恩是当前的热门话题，学者们关于感恩的研究包含了从儿童至老者的群体，研究对象群体在年龄层面上较为完善，学者们也尝试从不同的职业、身份来对感恩进行研究，但需要注意的是，当前的大多数研究仍聚焦于青年学生群体。因此未来的研究需要注意到研究群体的多样化，在不同的年龄阶段、职业身份甚至文化身份方面进行深入研究。比如，目前我国对农村留守儿童这一特殊群体的研究就还有很大的空间。实际上，感恩对于这一特殊群体的健康成长来说，恰恰也是最为重要甚至是最为关键的因素。

（三）注意研究的时间线索

瓦特金斯等人认为，感恩和幸福感之间的关系可能会因为时间不同、阶段不同，甚至对象的不同而有所差别，因此探索不同阶段之间感恩与幸福感的关系，甚至感恩与其他因素、与健康、与特质等的关系可能也是未来感恩研究的发展方向。另外，随着时间的变化，个体的感恩行为、感恩情绪、感恩特质等是否会出现不同的展现形式，也是未来研究的方向之一，这样的研究也可以弥补当前积极心理学缺少纵向研究的情况。

(四) 感恩的形成、发展及干预研究

在本书的前面部分已经提到，积极心理学的研究需要注意避免"积极暴政"，在关注积极的同时，也需要承认个体心理缺陷的部分，因此，感恩特质的形成、感恩情绪的维持和感恩行为的转化等也是未来研究可以加强探讨的部分。当前的感恩研究多关注于感恩特质与其他特质的相关，或者关注于在心理干预中感恩的效果，但若个体的感恩特质水平较低，如何培养、发展和提升，采取什么样的干预方式可以提高这种提升效率等问题，都亟待研究者进行深入探索。

第二节　农村留守儿童感恩的探索性研究

留守儿童出现的本质是由于父母与未成年子女在人口流动中的亲子分离，一些大规模的人口流动都会产生留守儿童的问题。

根据不同的概念界定，得出的关于农村留守儿童数量规模的数据也不同，除开关于农村留守儿童的概念界定的分歧外，根据时间顺序排列，一些比较权威的调研报告中有以下数据：

1. 段成荣、周福林根据 2000 年第五次全国人口普查抽样数据为依据测算，2000 年农村留守儿童数量为 1981.24 万。

2. 中国妇联根据 2005 年全国 1%人口抽样调查的抽样数据确定全国农村留守儿童约 5800 万人，其中 14 周岁以下的农村留守儿童约 4000 多万。在全部农村儿童中，留守儿童的比例达 28.29%，平均 10 个农村儿童中就有超过 2 个以上是农村留守儿童。

3. 中国妇联 2013 年发布的《全国农村留守儿童及城乡流动儿童状况研究报告》中表示，全国农村留守儿童数量已超过 6000 万。根据《中国 2010 年第六次人口普查资料》样本数据推算，全国有农村留守儿童

6102.55万，占农村儿童中37.7%，占全国儿童21.88%。与2005年全国1%抽样调查数据相比，五年间全国农村留守儿童增加了约242万。

由上述三点数据可知，中国农村留守儿童的数量依旧在增长，同时农村留守儿童的比例也在增加，对比2005年的数据，2010年农村留守儿童比例增加了接近10%。儿童是祖国的未来，农村留守儿童也不例外，所以我们更应该去关注留守儿童的问题，不仅仅是去关注他们的教育问题，更要关注他们的心理问题。

但在当前，我国对于农村留守儿童积极心理品质的研究基本处于边缘化状态，被众多研究农村留守儿童的学者所忽视。我们研究相关文献发现，以往大量的研究主要是以问题式的方式来进行的，是一种消极性的心理研究。当前留守儿童教育的理论研究与教育实践仍旧沿袭了病理心理学和消极心理学既有的传统模式。

一、问题提出

（一）感恩研究

"感恩"是个体在生活中的一个重要因素，与幸福、快乐有较为紧密的关联。这种关联不仅仅在宗教教义、经典文学、励志书籍、情感文章等作品中有体现，也被各学者通过学术研究进行了证实。在积极心理学中，感恩作为"积极心理"的重要因素之一，也是学者们分析和研究的对象。近年来已有大量研究证实了感恩有利于青少年的健康发展，并对青少年的心理健康起到积极促进的作用。

感恩（gratitude）是一种对人或事物提供的帮助、善意、礼物等所具有的一种强烈的感激之情。在不同的文化环境中，"感恩"的表达方式虽然各有不同但也在其文化语境中处于重要地位；尽管有学者认为在学术领域，对"感恩"的研究还较为不足，但随着积极心理学的兴起，关于感恩的研究也越来越受到重视，伍德等人更是将感恩列为积极心理特质的典范。

（二）感恩的定义

积极心理学之父塞利格曼与皮特森合作发表的《人格力量与美德手册（CSV）》中将感恩列为精神卓越美德下的优势，他们强调意识层面的感恩，把其定义为感知到接受礼物的感谢和愉悦；麦卡洛、埃蒙斯等人从道德晴雨表功能、道德动机功能和道德激励功能三个层面展开论述，认为感恩是一种道德情感，能够"（1）使人感受到因他人的道德行为而获益；（2）促使具有感恩之情的个体对恩人或其他成员的亲社会行为；（3）表达感激之情时，鼓励个体在未来的道德行为"。作为美德的感恩被认为是推动个体关心他人和社会、传递支持性道德情感的要素。

如上文所述，麦卡洛等编制的 GQ-6（The Gratitude Questionire-6）量表是用以测量个体在感恩倾向上的单因素自陈式量表，该量表在目前的感恩研究领域得到了较为广泛的运用。

GQ-6 量表是一个单因素自陈式量表，包含 6 个项目，用来测量个体在感恩情绪体验中频度、强度、密度等方面的差异，GQ-6 问卷采用 7 分里克特记分量表，其中 3、5 题为反向计分题，该量表的得分越高，表示个体的感恩倾向越高。国内学者魏昶等人利用 GQ-6 量表的中文修订版在中国青少年群体（广州市初一至高二年级 1309 名学生）中进行了测试，测试表明，修订后的感恩问卷与原问卷的拟合度较高，效标效度良好（$\beta 1=-0.40$，$\beta 2=-0.41$，$\beta 3=0.30$，P 值均 <0.01），内部一致性信度、分半信度和重测信度分别为 0.81，0.82 和 0.70，可以作为中国青少年感恩的有效测量工具。

（三）问题提出

农村留守儿童的问题（教育问题、心理问题、安全问题）越发凸显并越发被重视，但是对于农村留守儿童的现有研究更多的是从负面的方向展开，农村留守儿童在现有研究中往往被等同于"问题儿童"。且目前国内关于农村留守儿童感恩的研究相对而言也比较匮乏。

进一步分析发现，现有关于农村留守儿童感恩的文献中，比较具有代表性的观点普遍认为，农村留守儿童"感恩意识淡薄"，具体体现在"对父母的养育之恩淡薄；对学校的教育之恩淡漠；对社会关爱之恩冷漠"。总的来说，现有大多数关于农村留守儿童的感恩研究支持"农村留守儿童感恩水平较低"这一似乎"符合常理"的观点。

那么，已有研究结论是否真的完全符合广大农村留守儿童的实际情况？会否存在对留守儿童进行"标签化"的情形？基于此，我们进行了下述研究。

二、研究工具及研究结果

（一）研究工具

研究采用麦卡洛等编制的感恩量表 GQ-6。该量表通过评估个体感恩体验的频度和强度，以及激发感恩情绪事件的密度和广度来评定个体感恩情绪特质的个体差异。共 6 个项目，项目 3 和 6 为反向计分题，采用 7 级评分，1 表示完全不同意，7 表示完全同意；对反向计分项目反转处理后，计算所有项目的均分。分数越高表示感恩倾向越强。

（二）取样信息

本调查的研究对象为重庆市某县内随机抽取的几所小学四至六年级的学生。此次共对 500 名随机抽取的四至六年级的学生进行调查，回收问卷 495 份，回收率为 99%。495 份问卷中有效问卷 400 份，有效率达到 80.81%。具体数据如表 5—2—1 所示。

表 5—2—1　基本信息统计表

类别		频率	百分比（%）	留守儿童频率	留守儿童（%）	累计（%）
性别	男	206	51.50	144	69.90	51.50
	女	194	48.50	124	63.92	100.00
年级	四年级	102	25.50	66	64.71	25.50
	五年级	140	35.00	94	67.14	60.50
	六年级	158	39.50	108	68.35	100
留守与否	非留守	132	33.00	0	0	33.00
	留守 单亲	136	34.00	136	100	67.00
	隔代	101	25.25	101	100	92.25
	上代	17	4.25	17	100	96.50
	同辈	14	3.50	14	100	100.11

　　本研究所采用的量表是由单维感恩量表和一些人口学信息（被试者的性别、年级、是否留守、监护类型等信息）组合成的量表。单维感恩量表（The Gratitude Questionnaire-6，简称 GQ-6）是由麦卡洛等人编制。GQ-6量表用以测量被试者在感恩倾向的个体差异。该量表共包含 6 个项目，采用 7 点等级评定，得分越高代表其感恩水平越高。研究表明，GQ-6 的内部一致性信度为 0.81。

（三）研究结果

1. 研究结果 1

　　本次调查对象为四到六年级的小学生。四年级 102 人，农村留守儿童比例为 64.71%，共 66 人；五年级 140 人，农村留守儿童比例为 67.14%，共 94 人；六年级 158 人，农村留守儿童比例为 68.35%，共 108 人。在此次调查中，不同类型儿童与感恩水平的描述性统计及方差分析结果如表5—2—2 所示：

表 5—2—2　不同类型儿童感恩水平描述统计结果

		样本数	留守儿童（GQ-6）	非留守儿童（GQ-6）	总体（GQ-6）
性别	男	206	M=32.05 SD=6.170	M=30.11 SD=7.907	M=31.47 SD=6.763
	女	194	M=33.39 SD=6.439	M=31.07 SD=6.508	M=32.55 SD=6.526
年级	四年级	102	M=31.36 SD=6.360	M=29.56 SD=7.640	M=30.76 SD=6.823
	五年级	140	M=33.12 SD=5.510	M=30.83 SD=7.113	M=32.36 SD=6.131
	六年级	158	M=33.14 SD=6.862	M=31.06 SD=6.973	M=32.48 SD=6.922

　　通过上表我们发现：农村留守儿童的感恩水平随着年级的升高而递增，其中，无论是否属于留守儿童，六年级的感恩水平都显著高于四年级的感恩水平（p<0.01）。

　　本研究还发现：农村留守儿童感恩水平高于农村非留守儿童的感恩水平。这表明现有关于农村留守儿童感恩的一些研究，很可能存在对农村留守儿童"贴标签"的情况。

　　由于农村留守与非留守儿童的感恩水平相互独立，它们满足独立样本分析的条件，因此本研究对农村留守儿童和非留守儿童的感恩水平进一步进行了独立样本分析，结果见表 5—2—3。

表 5—2—3　农村留守和农村非留守儿童感恩水平的差异分析表

	样本数	平均得分	标准差	t
非留守儿童	132	30.64	7.197	−2.795**
留守儿童	268	32.62	6.380	

注：** 为 p<0.01。

　　由表 5—2—3 可知，农村留守儿童的感恩水平高于非留守儿童，且具有统计学上的显著意义（P<0.01）。这说明，农村留守儿童当前的研究，

应更多地考虑对农村留守儿童进行"去标签化"，同时应更多地去发掘农村留守儿童身上的积极特质。

为什么农村留守儿童的感恩水平会高于非留守儿童？这个问题背后所体现的本质是什么？

（1）这很可能体现了社会各界对农村留守儿童这个群体的关爱已产生了一定的社会效应。自从出现"农村留守儿童"这个群体以来，不断有社会各界对其进行各种形式的帮扶。从本研究发现来看，这种帮扶已经产生了明显的社会效应，具体体现之一即为大大提升了该群体的感恩水平。"滴水之恩，当涌泉相报"，在传统感恩观念的影响之下，孩子们的内心对来自他人的帮扶产生了感恩之心。这是一个非常重要的现象。

（2）我国学术界对农村留守儿童关注虽多，但在积极心理品质方面的关注却较少，我们在农村留守儿童积极心理品质的研究方面得到的文献极少。由此我们可以看到，我国对于农村留守儿童积极心理品质的研究基本处于边缘化状态，还处于为众多研究农村留守儿童的学者所忽视的状况。

2. 研究结果2

本研究发现：在不同监护类型下的农村留守儿童，隔代监护类型下的农村留守儿童感恩水平最低，见表5—2—4所示。

表5—2—4　不同监护类型农村留守儿童描述统计结果

监护类型	样本数	总体（GQ-6）
单亲监护	136	M=33.46 SD= 6.506
隔代监护	101	M=31.50 SD=6.711
上代监护	17	M=33.47 SD=7.476
同辈监护	14	M=32.79 SD=6.784

对单亲监护与隔代监护的感恩得分进一步进行独立样本t检验发现，隔代监护的感恩水平（M=31.50，SD=6.711）与单亲监护的感恩水平（M=33.46，SD=6.506）存在显著差异（t=2.389，$p<0.05$），且单亲监护感

恩水平高于隔代监护，见表 5—2—5 所示。

表 5—2—5 单亲监护与隔代监护的感恩水平的差异分析表

	样本数	平均得分	标准差	t
单亲监护	132	33.46	6.506	2.389*
隔代监护	101	31.50	6.711	

注：* 为 p<0.05。

为什么同为留守儿童，单亲监护下的留守儿童其感恩水平会显著高于隔代监护下的留守儿童感恩水平？这个现象背后所体现的本质又是什么呢？

本课题组推测这可能主要在于隔代养育本身存在一定弊端。农村留守儿童的父母外出打工，留下孩子们由外公外婆或爷爷奶奶照顾。老人们一般比较疼爱甚至溺爱孙子辈。加之大部分老人们在精力及认知等方面与孩子的爸妈存在一定的差距，以及与孙子辈之间所客观存在的"代沟"，影响了与孙子孙女的互动，从而在多种因素的共同作用下，前文所讲的社会帮扶对留守儿童所带来的积极正向影响就在一定程度上被"隔代养育"这个因素所缓冲掉了，最终造成了隔代抚养下的农村留守儿童感恩水平明显低于单亲抚养留守儿童这一现象。因此，建议农村家庭在不得不面对"留守"这一现实选择的时候，尽量确保孩子父母双方中至少有其中一方在家照顾孩子，尽力避免长期将孩子交由家中老人全权代理照顾。

第三节 研究发现及反思

一、感恩与健康

本章综述部分已经谈到，感恩与心理健康之间具有强相关，研究发现高感恩的个体较少地体验到抑郁。且从建构—扩展理论可以看出，感恩等积极情绪与郁闷等负性情绪呈负相关，经常体验感恩可以让人更健康，感恩的积极干预可以减少个体的病理学症状。上述论断已经得到了代维祝及何安明等国内学者的研究支持，林琳及刘羽等的研究则指出了"感恩可以在一定程度上缓解绝望带来的不良后果"。

基于此，本课题组有理由推测对于农村留守儿童心理健康水平进行培养提升的一个重要途径就是提升他们的感恩水平。比如，可以在课程设计中增加关于感恩的实操性项目，在提升留守儿童感恩水平的同时，也力求对其心理健康起到积极正向的影响。

二、感恩与幸福感

众多研究表明，无论是主观幸福感整体还是其分维度，感恩都与它们有正向关联。在感恩与主观整体方面，瓦特金斯、麦卡洛、弗罗等的研究均证实了二者之间的正相关，且感恩与生活满意度相关，也与积极情绪正相关。而伍德等学者的纵向研究结果证实了"感恩—幸福感"的预测关系；感恩干预研究则表明了，感恩可以增加个体幸福感，感恩是幸福感的前因变量。

基于上述研究，本课题组指出，提升农村留守儿童幸福感的一个重要途径，就是提升其感恩水平。

三、感恩与社会支持和社会行为

如前文综述所言，感恩有助于增强亲社会行为，感恩显著正向影响亲社会行为（$\beta=0.31$，$P<0.001$），社会支持对感恩所具有的直接的影响作用与社会支持呈显著正相关；父母情感温暖可以显著正向影响青少年的感

恩，感恩不仅能促使个体帮助施恩者，也能促使个体帮助社会中的其他人，这种情况被称为"上行互惠（upstream reciprocity）"。

国内学者何安明等人研究发现，"社会支持水平越高，个体所获得的感恩体验就越多，从而导致更少孤独感的产生"。安连超等人的研究发现，感恩在宗教信仰与亲社会行为间起部分中介作用，中介效应占总效应比为40.0%。叶婷和吴慧婷发现，在低家庭社会经济地位（SES）与青少年的社会适应行为之间，感恩具有补偿效应，但调节效应不显著。

基于上述研究结论，本课题组推测，提升留守儿童的感恩水平，对于其社会支持及社会行为都必将产生积极正向的影响。因此，建议将"提升感恩水平"作为一个优化留守儿童的社会支持及社会行为的重要途径，在对其进行教育的各个环节中去加以落实。

四、小结

（一）农村留守儿童的感恩水平高于非留守儿童，且具有统计学上的显著意义，单亲监护下农村留守儿童的感恩水平显著高于隔代监护下农村留守儿童的感恩水平，建议农村家庭在不得不面对"留守"这一现实选择的时候，尽量确保双亲中至少有一方在家照顾孩子，避免将孩子长期交由家中老人全权代理照顾。

（二）因为采用传统的问题式、病理式心理研究所得到的研究结论可能"治标不治本"，本课题组呼吁对农村留守儿童培养更多地采取积极心理品质的研究取向，进行积极心理健康教育。

（三）在人类所有与幸福和善良有显著相关的美德中，感恩是独一无二的。近年来已有大量研究证实了感恩有利于青少年的健康发展，支持感恩与心理健康之间具有的强相关。但尽管如此，以学校为基础的、能增强感恩的项目在目前国内的各级各类学校中仍然比较有限。基于此，本课题组建议增强国内各级各类学校的感恩实操性项目，提升留守儿童感恩水平，以有力地促进农村留守儿童的健康成长。

（四）众多研究表明，无论是主观幸福感整体还是其分维度，感恩都与它们有正向关联。本课题组根据研究结果，建议可尝试通过提升农村留守儿童的感恩水平来提升其主观幸福感。

（五）已有的研究表明，感恩有助于增强亲社会行为及优化社会支持。建议将"提升感恩水平"作为一个优化农村留守儿童的社会支持及增强其亲社会行为的重要途径，在教育的各个环节中去加以富有创造性的运用。

第六章　农村留守儿童积极心理品质的
提升途径探索

本书前面部分针对农村留守儿童的几种典型的积极心理品质，展开了探索性的研究。限于篇幅，本书难以针对农村留守儿童所有可能的积极心理品质一一展开探索。据此，本书第六章以较为整合性的积极心理品质为切入点，展开了农村留守儿童积极心理品质提升途径的探索性研究。并在对三条提升途径进行了探索性研究的基础上，进一步整合本书前面部分的相关内容，尝试性地提出了一些对农村留守儿童积极心理品质进行培养的具体策略。

第一节　改善课余活动缺失，提升积极心理品质

目前，已经有越来越多的证据支持，课外活动对青少年的发展具有积极的作用。费尔德曼等的研究表明，课外活动是否给青少年的发展带来益处，主要取决于活动范围、参与的频率和坚持性，以及青少年参与的年限。青少年可能会更倾向于选择那些能够反映自我核心概念的活动。而参与课外活动也能加强和引导青少年对自我及行为方式的思考。在这个过程中，可促进个体众多方面的积极发展，包括自我同一性、身体形象、主动

性、生活满意度和品行。在此背景下，我国农村寄宿制学校留守儿童的课余活动单调乏味等问题就越发凸显。

一、相关概念界定

（一）农村寄宿制学校

农村寄宿制学校是指"地理位置位于农村区域不含县镇，可以为学生提供食宿条件的学校"。[①] 本章中所指的是属于义务教育小学阶段的处于偏远山区的农村寄宿制学校。

（二）农村留守儿童

农村留守儿童是指由于父母双方或一方外出打工而被留在农村的家乡，并且需要其他亲人或委托人照顾的处于义务教育阶段的儿童。本章中所指的是属于义务教育小学阶段的儿童。

（三）课余活动

课余活动是指学生在上课以外时间的活动，包括校内和校外活动。本章中特指学生周一至周五在学校时除上课、吃饭、睡觉以外的活动。

（四）研究范围及对象

本节的研究范围是以重庆市某县的一所寄宿制 M 小学为例，考虑到一年级学生在填写问卷的过程中对有些问题不能给出客观明确的答案，所以把研究对象确定为该校的且属于义务教育小学阶段二至六年级的留守儿童。

[①] 廉恒鼎：《农村寄宿制学校留守儿童的课余活动研究》，北京邮电大学 2012 年硕士论文。

二、文献综述和研究程序

（一）农村寄宿制学校学生课余活动的内容与现状

1. 内容

本研究涉及的课余生活内容参照了以下六类活动："一是生活类，包括衣食住行帮扶服务和自我服务、自理能力以及自护、自救、防灾、防险等生存意识、生存能力的培养训练；二是学科类，包括学科知识巩固提高，读书、看报、自学；三是科技类，包括小观察、小制作、小发明；四是艺术类活动，包括声乐、器乐、舞蹈、美术、书法；五是体育类，包括球类、田径、跳绳、棋类，增强学生的体能，培养学生的竞技心智；六是休闲类，主要是组织学生收看电视，特别是新闻和少儿节目，扩大学生视野，陶冶思想情操。"[1]

2. 现状

本课题组经过对国内现有文献的分析发现，在研究关于农村寄宿制留守儿童课余活动这一方面的内容，以往研究主要集中在教育一线工作的老师和教育管理者以及专家学者的实践经验总结及相关理论研究中。

（1）农村寄宿制学校的课余生活以学业为主。"大多数学校在国家规定的 7—8 节的学生上课时间之外，又增加了早晚自习课，一般是 6 点多加一节早自习，晚上加两节晚自习，学生全天学习时间超过了 10 个小时，甚至小学一二年级的住宿生也是如此。"[2] 并且"绝大多数寄宿制小学生每天一般都要花费 1 个多小时的课下时间完成作业任务，不少学生甚至要花

---

① 曾宪瑛：《让寄宿生享受丰富多彩的课余生活　万安县积极组织寄宿制学生开展课余活动》，《江西教育》2006 年第 Z1 期。

② 王远伟：《农村寄宿制中小学的问题与思考——以内蒙古三个旗为例》，《新课程研究（教育管理）》2007 年第 3 期。

费 2 到 3 个小时"。①

（2）学校组织和学生自主进行的课余活动较单调。"寄宿制学校很少组织课外活动，偶尔组织活动也以体育活动为主，很少有其他活动形式。"②

（3）学生自由组织课余活动的能力有限，主要内容源于学校。当下课后，大部分学生就待在教室坐等下一堂课的来临，很少把注意力投向教室外的活动。而且"中央教育科学研究所课题组对寄宿制学生自主进行课余活动的情况的调查表明，66.3%的学生会和同学们一起玩，51.7%的会看课外书，43.9%的会温习功课，14.2%的会看电视"。③

（4）寄宿制学校留守儿童的课余活动呈散乱状。鉴于生活老师工作精力有限，几乎很少组织寄宿生参加课余活动，大多数情况下，孩子们都是自由散玩。"学生们中午要么自由活动，要么就背书，课外活动一般放在下午的两节课后，也是孩子们随便的自由活动。"④

（5）寄宿制学校缺少进行课余生活的软硬件设施。在一些地处偏远地区的农村寄宿制学校，没有足够的场地设施供学生进行课余活动，如无图书室、阅览室、文体场等。

总而言之，目前针对我国农村寄宿制学校留守儿童的课余活动研究，还存在可深入研究的地方，如专题性的研究，增强有效研究结果的系统性等。

---

① 胡延鹏：《农村寄宿制小学情感关怀缺失问题研究》，东北师范大学 2009 年硕士论文。

② 胡传双、於荣：《安徽省农村寄宿制小学影响学生发展的问题与对策调查研究》，《长春大学学报》2009 年第 12 期。

③ 中央教育科学研究所课题组：《贫困地区农村寄宿制学校学生课余生活管理研究——基于广西壮族自治区都安县、河北省丰宁县的调研》，《教育研究》2008 年第 4 期。

④ 陆春萍：《失落的声音——夏河县游牧地区一所寄宿制藏族小学的女童生活》，西北师范大学 2002 年硕士论文。

（二）研究的程序

1. 问卷编制

第一步，查阅整理文献材料，初步认识农村寄宿制学校留守儿童课余活动的现状。第二步，根据本节的研究目标，借鉴了北京邮电大学廉恒鼎关于农村寄宿制学校课余活动的调查问卷。所选取的题干由课余活动的内容、频率、偏爱、意愿、态度、组织性等六个方面构成，共设计50道题。

2. 实施调研

首先，抓住本节的研究目标，征求拟调研学校相关负责人的同意和支持，事先统计出待调查学校寄宿制留守儿童的数量，商议好具体的调查实施时间及地点。其次，把问卷发给本校2—6年级的130名寄宿制学生，指导学生填写完问卷后及时现场收回。

3. 样本概况

本节所调查的学校是重庆市某县的一所地处偏远山区的农村寄宿制中心小学。最终选择给该校2—6年级的所有留守儿童发放问卷，一共下发问卷数量是130份，回收问卷130份，其中填写完整的并且可以进行数据分析的有效问卷数为124份，详情如表6—1—1所示。

表6—1—1　M校学生调查问卷的回收率与有效率

问卷	发放数	回收数	有效数	回收率（%）	有效率（%）
寄宿制留守儿童	130	130	124	100	95.3

此次调查所选取的农村寄宿制留守儿童样本总数量是124人，其中男生总数是76人，占总数的61.3%，女生总数是48人，占总数的38.7%；汉族120人，占96.8%，少数民族4人，占3.2%；父母外出、父亲外出、母亲外出的人数依次为68人、45人、11人，所占总数的比例依次为54.8%、36.3%、8.9%。M校学生在老家的留守的时间1年以内的人数有16人，1—3年的人数有24人，3—5年的人数有42人，超过5年的人

数有 42 人；所占总人数的比例依次为 12.9%、19.3%、33.9%、33.9%；由父母中任意一方监护、父母或外祖父母监护、父母的亲戚或者朋友监护、自己独自生活的人数分别是 35 人、81 人、6、2 人，所占比依次是 28.2%、65.3%、4.8%、1.7%，如表 6—1—2 所示。

表 6—1—2　M 校学生样本基本情况表

	类别	人数	百分比（%）
性别	男	76	61.3
	女	48	38.7
名族	汉族	120	96.8
	少数民族	4	3.2
外出对象	父母都外出	68	54.8
	父亲外出	45	36.3
	母亲外出	11	8.9
留守时间	不到一年	16	12.9
	一到三年	24	19.3
	三到五年	42	33.9
	五年以上	42	33.9
监护类型	父亲或母亲	35	28.2
	祖父母或外祖父母	81	65.3
	父母的亲戚或朋友	6	4.8
	自己独自生活	2	1.7

三、分析 M 校学生课余活动的现状

（一）M 校学生的情感状况

所统计的数据表明，在学校住宿期间分别有 8.1%、48.3%、20.2%、23.4%的儿童表示经常、有时、很少以及从未觉得生活苦闷或没意思。

针对样本的统计分析，所调查的农村寄宿制 M 小学的留守儿童在被问及排解苦闷情绪的途径时，选择打电话给父母的留守儿童人数占总人数

的 29.8%，选择与老师交流的学生比选择与同学交流的人数比例少了 8 个百分点，选择参加活动和写日记的留守儿童人数不相上下。然而，也有 7.3% 的留守儿童选择自己憋着，自己消化，不向任何人倾诉交流。

（二）M 校开展课余活动的频率与内容

1. 学校偶尔组织课余活动

数据显示，仅有 8.1% 的人回答学校经常组织课余活动，而选择"有时"选项的人却远远大于选择"经常"选项的人。其中，回复学校很少组织课余活动的人数占总人数的 24.2%，回复学校从来没有组织过课余活动的人数占总人数的 4%。

2. 校内课余活动的主要内容为生活类

数据显示，目前 M 学校所组织的校内课余活动所包括的生活、学科、科技、艺术、体育、休闲、其他类活动参与者所占总人数的比例顺次为 37.2%、25.8%、4.0%、5.6%、10.0%、12.9%、4.0%。由此可得，M 小学所组织的校内课余活动主要是生活类活动，其中艺术和科技类活动开展得远远没有生活类多。

3. 校外课余活动主要内容为清洗和维护公共设施

从所统计的数据中可以看出，75.8% 的人反馈学校组织的校外课余活动是到公共场所清洗公共设施，1.6% 的人反馈学校组织的校外课余活动是进行竞赛，3.2% 的人反馈学校组织的是其他类活动，其他选项的选择人数较少或者没有。所以，M 校组织的校外课余活动是以到公共场所清洗和维护公共设施为主。

（三）M 校学生对参加课余活动的态度

1. 参加课余活动大体不影响学习

当 M 校学生被问到参加课余活动会不会影响学习时，认为参加课余活动对学习特影响、较影响、一般影响、没有影响、完全没有影响的人数占总人数的百分比分别是 4.0%、10.5%、23.4%、21.8%、40.3%。

2.音体美和语数外的重要性相同

当 M 校学生被问到是否认同音体美和语数外课程的重要性相同时，其中，觉得语数外更重要的人数占总人数的 4.0%，其中，不太认同音体美比语数外重要的人数占总人数的 13.7%，特别不认同音体美比语数外重要的人数总人数的 62.1%。

（四）农村寄宿制 M 校的意愿以及满意程度

1.参加课余活动的意愿比较强烈

据 M 校学生对参加课余活动的意愿及满意程度的数据显示，其中反馈对参加课余活动非常愿意、比较愿意、一般愿意、不太愿意、很不愿意的人分别有 72 人、27 人、14 人、9 人、2 人，其所占总人数的比例依次为 58.1%、21.7%、11.3%、7.3%、1.6%。

2.M 校学生对学校课余活动满意程度偏低

根据数据可知，对于学校所组织的课余活动 M 校学生选择"非常满意"和"比较满意"选项的人只有 8 人，仅占总人数的 6.4%，不难发现，M 校学生所选择的"一般"项最高。

（五）M 校学生课余活动的喜爱选择

1.春、秋游是 M 校学生最喜爱的校外课余活动

数据显示 M 校学生喜欢到田间参与劳动的有 3 人，喜欢到公共场所清洗公共设施的有 11 人，喜欢艺术竞赛的人有 14 人，喜欢到公共场所做主题宣传活动的有 9 人，喜欢进行体育竞赛的有 13 人，喜欢节日纪念活动的有 0 人，喜欢野外观察和实验的有 1 人，喜欢春游、秋游的有 64 人，喜欢参观纪念馆或博物馆的有 8 人，所占总人数的比例顺次是 3.2%、

8.9%、11.2%、7.3%、10.5%、0%、0.8%、51.6%、6.5%。

2.M 校学生最喜爱的校内课余活动是休闲类

数据显示选择"艺术类活动""体育类活动""休闲类活动"的人数分别是 28 人、22 人、34 人，其所占总数比例顺次为 22.6%、17.7%、27.4%。可知，休闲类活动是 M 校学生最爱的校内活动。

(六) M 校课余活动的组织方式

1.课余活动的形式以自己随意组织为主

统计的关于农村寄宿制 M 小学课余活动组织方式的数据表示，以同学们随意的方式组织的有 55 人，占总人数的 44.3%，以独自活动方式组织的有 11 人，占总人数的 8.9%，以班级、少先队或共青团方式组织的有 25 人，占总人数的 20.2%。

2.M 校基本没有固定的时间、地点及老师指导学生进行课余活动

通过对 M 校学生所填写问卷的分析发现，学校课余活动的开展没有固定的时间、地点、老师带领和指导的人数分别有 73 人、107 人、110 人，其所占总人数的比例依次是 58.9%、86.3%、88.7%。

3.学生基本自己组织课余活动

所统计 M 校学生在被问到愿不愿意自己独立组织课余活动时，分别有 48 人、28 人、32 人、9 人、7 人表示非常愿意、比较愿意、一般愿意、不太愿意、不愿意自己组织课余活动，其所占总人数的比例顺次是 38.7%、22.6%、25.8%、7.3%、5.6%。

(七) M 校课余活动的场地设施及专职老师数量情况

1.学校课外活动场地设施不够完备

在问到学校是否有课外活动的场地设施时，100%的人反馈没有排球场、活动室、舞蹈室、足球场。100%人反馈没有排球和电视机。

2. M 校没有专职生活管理老师

针对 M 校学生所填写的问卷统计分析可以知道,该校几乎是没有专职生活管理老师,其中反馈无专职生活管理老师的有 90 人,反馈会组织课外活动的有 33 人,反馈不会组织课外活动的有 91 人。其所占总人数的比例依次是 72.6%、26.5%、73.5%。

(八) M 校课余活动存在的明显问题

1. 课余活动比较单调贫乏、很少开展学生期望的课余活动

统计结果显示,M 校把生活类活动作为校内课余活动的主要内容,极少组织艺术类和科技类的活动;同时把清洗和维护公共设施的活动作为校外课余活动的主要内容。这个情况也在本课题组将近 6 个月的调研中得到了验证,调研期间本课题组成员没有被安排担任学校课余活动的指导老师,学校也没有组织其他老师担任学生课余活动的任务。M 校留守儿童把大部分课余时间用在完成课后作业上,课余活动的单调枯燥很可能是农村寄宿制小学目前所普遍面临的一个问题。

与此同时,学生问卷的统计数据显示,M 校经常组织课余活动的占约 8%,尽管学校时不时地组织了活动,但没有满足 M 校学生对课余活动的需求与渴望;从而出现了学校组织的课余活动与学生的所需不相符合的现象。生活类活动是让学生清洗和维护公共设施,这是 M 校目前所组织的相对较多的校内课余活动,而学生所偏好的校内课余活动是休闲类。可 M 校的留守儿童的爱好是春、秋游;目前 M 校课余活动的主要组织方式就是"同学随意组织",而实际上,学校统一组织的课余活动方式才是 M 小学留守儿童内心真正渴望和喜欢的。

2. M 校课余活动大体呈现无组织、无秩序状态

数据显示,M 校学生差不多是学生自己组织活动;几乎既无固定的时间和活动场所开展活动,也无特定的老师带领;根据本课题组成员对寄宿

生的课余活动场景进行的有意识的观察与思考发现，在午、晚饭结束后，操场上时不时有几个五六年级的男生打篮球，有些寄宿生则在操场上三五成群分散地做游戏；大部分寄宿生则在教室里认认真真地写作业；还有少数寄宿生则是在宿舍里嬉戏玩耍；如此情况给人一种又散又乱的感觉。而此时，几乎所有的能回家的老师都已经回家，在学校住宿的老师则是在忙自己的事，或是备课，或是批改作业，或是玩手机。M小学留守儿童的课余活动是没有老师组织的。

四、分析 M 校学生课余活动问题的原因

（一）学校层面

1.学校场地和设施不具备开展条件

M校地处重庆的偏远地带，其占地面积是8931平方米，而建筑面积仅3994平方米。设有六个年级，一个年级一个班，同时设有六大功能室分别是音乐、体育、美术、科技、实验、电脑室，但这些功能室也只是上课使用，并没有在课余时间被充分利用起来。本课题组还发现，以上各功能室相应的器材或设备还在进一步的完善当中。除此之外学校没有书法室、舞蹈室、足球场、排球场以及相应器材和设备。巧妇难为无米之炊，没有足够的场地和设施同样也是影响该校寄宿制留守儿童课余活动质量的重要因素之一。

2.专业教师力量不足

根据M校校长的介绍："M校现在共有小学生230人，在编教职工人数为17人，缺编达5人。"

目前该校没有专业的舞蹈、美术、书法教师。其中教师编制空缺数5人，代课老师5人。很明显，教师资源的短缺很可能也是导致该校寄宿制留守儿童的课余活动存在问题的因素之一。

（二）学生层面

1. 课业负担

M校的留守儿童把大部分的课余时间用来承担较繁重的学习任务，如做课后、预习功课、复习已学知识要点等。如该校秋季作息时间表是：起床时间6：30—7：00，早餐及扫除时间7：00—7：40，朝会时间7：40—8：30，第一节课至第二节课8：35—10：05，大课间10：05—10：45，第三节至第四节课10：45—12：15，午餐及休息时间12：15—14：30，第五节至第六节课时间14：30—16：00，放学、扫除以及晚餐时间16：00—18：30，晚自习一至二节时间18：30—20：00，洗漱就寝时间20：00以后。从作息表来看，M校的学生一天的课余时间似乎比较充分，但除就餐和休息的时间外，M校的学生大致都在学习，且M校还特给学生排了朝会课和夜自习，该校此举的目的应该是保证寄宿生的安全和管理，但这一举措实际上减少了学生进行课余活动的时间。

2. 自我组织

据本研究统计数据显示，M校的留守儿童自愿组织课余活动的数量较多，但是也有少部分同学没有真正参与这类课余活动，并且在实际情况中，由于学生的组织能力还有待进一步提高，学生在自我组织课余活动的过程中也存在一定的困难。比如同学之间的合作不到位，时间和场地的限制等。

五、改善 M 校学生课余活动的建议

针对M校学校层面存在的场地设施和教师不足，以及学生层面存在的课业负担重和自我组织能力弱的问题，本课题组从因地制宜、因师而异两方面提出了七点改善建议。

（一）因地制宜

农村学校也是教学的好源地，充分利用学校教学资源，在确保安全的前提下可组织学生到校外学习。

1.组织学生春、秋游活动，培养其发现和观察的能力。学校可以在落实安全工作的前提下，组织学生进行踏青或者登山活动，让学生感受大自然，亲近大自然。

2.充分利用好学校已有的场地和设备，不让其只是摆设。比如学校可以简化设备设施表册使用的登记流程，方便教师和学生去使用现有的设备设施去开展课外活动。

3.增设书法室、舞蹈室、足球场、排球场以及完善相应器材和设备。

（二）因师而异

应在已有教师的身上挖掘资源。

1.运用好老师本身的优势，学校统一安排固定的时间、地点让学生开展课余活动。学校可以安排固定的时间让老师结合自己所擅长的方面带领学生进行书法练习、歌舞表演，篮球、乒乓球比赛等。

2.课堂上尽量提高教学质量，减少学生课后作业。老师在给学生布置作业的时候，尽量做到有针对性，不要给学生布置大量的课后作业，使学生苦战于题海中。

3.学校在招聘教师时也要以师生能全面发展为前提，学校师资力量是否强大是决定学生发展良好的关键。所以，针对 M 校专业教师不足，学校应及时聘用专业的舞蹈、美术、书法教师，完善教师缺编问题。

4.培养学生团结合作能力，可鼓励学生自由组队开展篮球、乒乓球比赛，书法绘画练习等。

课余活动是农村寄宿制学校留守儿童在校生活必不可少的内容，并且学校也承担着组织丰富多彩的课余活动的责任，所以本课题组通过发放问卷的方式对 M 校的留守儿童进行了调查，通过数据分析总结出了该校课余活动表现出的八个现象，并从学校、学生层面分析出了两个突出的问题且针对问题提出六点建议。由于主客观条件的限制，本研究也存在着样本量偏少等不足。本研究所发现的问题、提出的建议希望可以为农村留守儿童的课余活动的研究提供一些改进的可能性途径，并促进更多一线教师重视学生课余活动的开展，努力在自己的能力之内组织学生的课余活动，为其课余活动增添更多色彩。

在留守儿童对课余活动的参与过程中，比较理想的情况是建立起由起引导作用的成人领导者和有责任感的同伴所构成的社会群体。课外活动对发展个体积极品质的促进作用尤其体现在儿童群体。这提示在农村寄宿制留守儿童中开展富有成效的课外活动，可能会取得更优的效果，从而有效推动农村留守儿童积极心理品质的健康发展。

本课题组坚信，在不远的将来，我国关于农村寄宿制学校留守儿童课余活动的相关研究会更加深入、系统、全面。

第二节　改善学校适应性缺失，提升积极心理品质

一、引言

目前学术界对"学校适应性"仍没有统一的定义。雷蒙德认为学校适应性是指学生在学校背景下运用技能满足自己需要的程度，小学生可被描述为适应良好和适应不良等不同的程度。[①] 美国亚利桑那州立大学教授拉

---

① 张雯：《促进小学一年级随班就读学生学校适应性的班级管理探究》，重庆师范大学2012 年硕士论文。

德认为，学校适应性是学生在学校享受参与学校活动的快乐、感受学业成功的状况。学者刘万伦认为，学校适应性是指学生在学校的学业行为、学校参与、情感发展、人际交往等方面的情况。基于上述已有概念界定，本研究将学校适应性定义为学生在学校背景下进行自我调控，在学习、生活、人际交往方面适应学校生活的情况。本课题组认为，上述"自我调控"中，其核心关键点在于"情绪调控"。情绪调控是指个体通过对自己情绪反应进行有效的管理，从而与他人建立起友好关系并应对挑战的能力。在本研究所进行的学习适应、生活适应及人际关系适应这三大板块的调查研究中，情绪调控无疑都对农村留守儿童的具体适应情况产生了至关重要的影响。通过增强农村寄宿制留守儿童的学校适应性，可以有效增强其情绪调控能力，提升其积极心理品质。

本研究以农村寄宿制留守儿童的学校适应性为切入点，展开调查研究。

二、某县 × 小学农村留守儿童学校适应性现状

（一）　某县 × 小学概况

1. 学校总体情况

该校位于重庆市某县北部边陲的某某镇，于 1916 年开始办学，1930年由本地乡绅捐资改建，占地约 12 474 平方米，建筑面积约 5 009 平方米。现有学生 700 人，男生 336 人，女生 364 人，其中留守儿童有 353 人，教职工 61 人，教师平均年龄 37 岁，平均教龄 11 年。近几年来在教委的大力支持下，学校重新修建了校门、综合教学楼、学生宿舍、塑胶运动场、师生食堂等基础设施，是一所历史悠久且学校设施较为完善的农村寄宿制小学。

2.调查对象总体情况

在该校的 353 名留守儿童中，81 人寄宿在学校，其中男生 38 人，女生 43 人。该校共有 8 间学生宿舍，男女宿舍各 4 间，每间宿舍有 5 个上下床，可以住 10 人，但低龄的寄宿生是跟哥哥或者姐姐睡一个床铺。本研究以该校 81 名寄宿在学校的留守儿童、学校校长、3 至 6 年级各班班主任和 6 名科任教师，以及部分学生家长作为调查对象进行访谈。本研究针对学校环境，寄宿学生的学习生活状况等相关问题做了调查。

（二）某县 × 小学农村留守儿童学校适应性现状的分析

寄宿学生是否能适应学校的生活，影响着他们学习和未来的发展，农村留守儿童作为学生中的一个特殊群体，正处在个体成长和发展的重要时期，在生理和心理上都发生着变化，其学校适应问题也显得尤为突出。本研究从学习适应、生活适应、人际关系适应三个方面对该校的寄宿留守儿童、校长、教师及部分家长做了访谈调查。

1.学习适应

本课题组在对该校寄宿的留守儿童的学习适应进行调查时，根据期中考试成绩将这些学生分为了后进生、中等生和优等生三个层次，优等生 32 人、中等生 38 人、后进生 11 人。通过对任课老师和学生进行访谈后发现，优等生对于学习都表现得较为积极，并且普遍能够主动的安排学习；中等生普遍都是被动学习，很少主动学习，当老师布置学习任务时能按时完成；但是后进生对待学习则是一种消极态度，对学习没有兴趣，甚至是厌学。不过，相对于走读的留守儿童，寄宿的留守儿童学习的态度更好，目的性更强，学习适应性良好。当然也有部分学生在学习适应性上存在问题，有些学生表示无法适应教师的教学方法，致使学习成绩下滑。有些学生表示与家长缺少沟通，在学习上不能得到鼓励，对学习失去信心，长期如此就会产生厌学的情绪。

2. 生活适应

从本课题组的调查来看寄宿留守儿童对学校生活比较适应，主要表现在寄宿生具有比较良好的生活习惯和生活态度。该校学生宿舍有专门的阳台，但卫生间和浴室是公共的，总体而言宿舍空间比较狭小，但每天有学生打扫，卫生状况良好，寄宿学生对住宿条件总体比较满意。学校有专门针对寄宿生的作息时间安排，对寝室和学生个人卫生、就餐等方面也有相应的规定，在老师的指导和监督下寄宿生普遍养成了良好的生活和作息习惯。多数寄宿生的家离学校比较远，长期走远路上下学，在学校也需要独立生活，这使得寄宿的留守儿童在生活上比较自立，在生活上也就更能适应学校的寄宿生活。但是在调查过程中笔者发现，一些寄宿生由于独自在学校生活，经常会产生孤独感和恋家的情绪，尤其是低龄寄宿生。当他们在生活上遇到困难时，也往往得不到专业的生活老师的帮助，在情绪上得不到及时地疏导，因此他们中的很多人在情绪上比较敏感和不稳定，这对他们适应学校生活产生了一定的负面影响。

3. 人际关系适应

留守儿童在学校中的主要人际关系是师生关系和同伴关系。在调查中本课题组发现，寄宿留守儿童在师生关系的适应情况上要优于走读留守儿童。由于长期住校，寄宿生有更多的时间与老师在一起，这促进了寄宿生与老师的关系良性发展。寄宿生由于缺少来自父母的关爱，普遍存在孤独感和不安全感。寄宿生长期都是与寝室的室友一起生活和学习，他们更倾向于和室友建立伙伴关系，尤其是低龄寄宿生。不良的人际关系适应所产生的孤独感、不安全感等会对寄宿学生产生极大的心理压力，影响他们的健康成长。

三、影响某县 × 小学留守儿童学校适应性的因素探析

通过对某县 × 小学寄宿留守儿童的学校适应现状的调查，我们可以

看出该校农村留守儿童的学校适应性总体良好。但部分农村留守儿童在学校适应方面仍然有很多问题存在，且影响了他们的学校适应性。本课题组结合相关文献、访谈总结和该校的实际情况，从学校环境、家庭教育、师生关系及同伴关系四个影响该校寄宿留守儿童学校适应性的因素进行如下分析。

（一）学校环境

学校是寄宿的留守儿童学习和生活的地方，学校环境对于他们的学校适应性有着很大的影响。学校的环境主要包括学校各方面的基础设施设备、同伴关系以及师生关系等，如果学校各方面都能够为留守儿童提供良好的环境，那么他们也就可能更快、更好地适应学校的生活。

某县 × 小学校长访谈

问：学校在实行寄宿制方面有哪些难题？

答：经费不足和对寄宿生的管理问题比较突出。目前我们学校的设施在农村寄宿制学校当中已经算好的了，但是还是有很多基础设施建设不完善，寄宿学生的课外活动比较单一，只能打乒乓球和篮球。我们学校没有生活老师，寄宿学生都是靠班主任在管理，这使班主任的工作量和工作压力都有较大幅度的增加。

某县 × 小学教师访谈

问：学校一般是什么时候放学？寄宿生的课余会做些什么呢？

答：一般都是 4：40 放学，放学后学生一般都是做完作业后跟同学一起玩游戏，六点开始吃晚饭，晚饭后五六年级的学生要再上两节晚自习，低年级的寄宿生通常都是在寝室玩。

问：班上寄宿生的学习怎么样？

答：总体上来说寄宿生表现还是很好的，学习成绩比走读生好一些，而且他们普遍都比较独立，但是他们没有走读生那么活泼。

问：寄宿生的课余活动多吗？

答：不是很多，一般都是做作业或者和其他学生一起做游戏。

从对该校校长和教师的访谈可以看出，该寄宿学校学生没有丰富的课余活动，这使得学生在学校的生活十分单调。由于硬件设施的不完善，学生的寄宿条件和生活水平达不到理想状态，这会增加寄宿生恋家的情绪，使他们不能专注于学习。一旦学习不好就会加重他们对寄宿生活的抵触，进而影响寄宿生的学校适应性。

（二）家庭教育

在家庭教育中，父母和监护人的文化水平、对孩子的教育方式等，都会不同程度地影响孩子的成长。孩子在学校学习成绩的好坏、对学校环境的适应性、行为习惯等方面都与家庭环境和监护人的教育观念和态度有着必然的关系。

家长访谈片段

问：您为什么让孩子在学校住宿？

答：我们家离学校太远走读很不方便，而且孩子的爸爸到江苏打工去了，平时就我一个人在家，又要忙农活，根本没有太多精力照顾孩子，而且学校的条件也好，有老师管着，我操心还少一些。

问：您觉得孩子喜欢住宿吗？您对孩子在学校的情况了解吗？一般是怎么了解的？

答：不管喜不喜欢都要住嘛，开始他想家不习惯，后来就习惯了。平时就周末能见到，他也不会跟我聊学校的事情，我又忙也没时间问这些。就上次去开家长会的时候问了一下老师他在学校的情况。

在访谈中本课题组发现，该校寄宿学生的监护人受教育水平普遍偏低，不能为孩子提供学习上的帮助，而且他们通常都是只关心孩子的衣食住行，很少主动向老师了解孩子在学校的学习和生活。他们当中很多人都认为，孩子在学校，学校和老师就应该对学生的一切负责，因此他们基本上不会去关心孩子情感需求。长此以往，孩子缺少与父母的沟通，由此而产生的情感缺失会对孩子的心理健康产生不良影响，进而影响寄宿学生的学校适应性。

（三）师生关系

对于寄宿生来说，大部分时间都是和老师在一起，因此教师在寄宿生学校适应的过程中发挥着重要的作用。当寄宿学生不适应学校生活的时候，老师可以随时给予他们关心和照顾，来帮助学生适应学校的生活。访谈结果显示，教师在学生的学校适应中起着至关重要的作用，老师与学生的关系越融洽，对学生的关心越多，学生就越容易适应学校生活，其学校适应性也就越强。

教师访谈片段

问：班上的寄宿生和走读生相比，哪个更好管理？

答：肯定是寄宿生，我们相处的时间多一些，对他们的了解也多些，寄宿生都比较喜欢和信服我们。

部分寄宿学生访谈片段

问：你喜欢你们的老师吗？为什么？

答：当然喜欢。老师平时很关心我们，还教我们做作业，和我们一起玩。

问：你和老师关系怎么样？

答：很好，才来学校住的时候不习惯，老师特别关心和照顾我，渐渐地就习惯了，现在我很喜欢住学校，可以和老师同学一起玩。

（四）同伴关系

寄宿学生在学校绝大多数时间都是和同伴相处在一起，在学习和生活上他们互相帮助，互相影响，因此同伴关系的好坏会对寄宿留守儿童的学校适应性产生影响。

部分寄宿学生访谈

问：你喜欢住校吗？为什么？

答：喜欢呀，因为学校有很多同学可以一起玩。

问：在学校你的朋友多吗？

答：我有很多好朋友。

问：你是喜欢在家里还是住在学校？为什么？

答：我喜欢住在学校，因为家里没有朋友玩，而且奶奶很啰嗦。

通过访谈，本课题组了解到，寄宿学生刚开始寄宿的时候普遍存在不适应的现象。当他们开始习惯寄宿生活后，慢慢有了自己的朋友，课余活动也有人陪伴，可以很大程度减少他们的孤独感，一般能够较好地适应学校生活。与同伴的关系越好的寄宿留守儿童，他们对学校的适应状况越好。

四、提高寄宿制学校农村留守儿童学校适应性的建议

结合影响农村留守儿童学校适应性的因素来看，学校可以从提供良好的基础设施、构建良好的师生关系和同伴关系入手，在家长的配合下，提高寄宿制学校留守儿童的学校适应性。针对促进寄宿制学校农村留守儿童的学校适应性，本课题组提出以下几方面的建议。

（一）学校层面

寄宿制学校的学生一周有五天是在学校度过的，学校的校园环境、管理制度、师资配备等方面都影响着寄宿制学校农村留守儿童的学校适应性。良好的学校环境，有助于提高寄宿留守儿童的学校适应性。学校可以通过加强基础设施建设、健全师资配备、建立家校沟通平台等措施来为留守儿童创建一个良好的学校环境。

1. 加强学校基础设施建设

学校在硬件上要加强建设基础设施，为学生创造更好的生活和学习环境。在软件方面学校要建立规范的管理制度，对寄宿学生进行人性化管理，可以通过组织丰富多彩的课余活动，减少他们在寄宿学校的孤独感，以此来满足学生的情感需求，关注学生的成长，从而帮助学生更好地适应寄宿生活。

2. 健全师资配备

调查中显示，寄宿制学校严重缺乏生活老师，这就需要在岗的教师付出更多精力在寄宿学生的管理上，这在很大程度上是对老师的一种负担和压力。因此，应在教师配备中增加生活老师，让专职的生活老师管理寄宿学生，更好地照顾寄宿学生，在情感上及时疏导，减少他们的孤独感。与此同时，还应该配备一定比例的艺术老师，组织开展各种艺术活动来丰富寄宿学生的课余生活，帮助他们适应学校生活。此外，还需配备一定比例的心理健康辅导老师，重点关注寄宿学生的情绪调控能力培养及提高，帮助他们更好地适应学校生活。

3. 建立家校沟通平台

调查显示，多数留守儿童监护人将孩子的教育完全寄托于学校和老师，对孩子的关心不够或者方式欠佳，使孩子缺乏亲情感，而且监护人很少与学校老师交流。因此学校应该加强家校合作，为寄宿学生提供亲情支持。建立家校沟通平台，经常与家长保持联系，交流学生的学习和心理状况，共同加强对学生的教育，减轻寄宿生的恋家情绪，帮助他们更好地适应学校的学习和生活。与此同时，要在与学生家长的沟通的过程中，让他们认识到家庭教育和家长的关心鼓励对学生的成长是必不可少的，帮助家长改变教育观念，改善教育方式和方法。

（二）教师层面

1.转变教育观念

寄宿制学校的教师与学生长时间相处，可以随时对学生的学习、生活、情感（如情绪调控能力）等各个方面进行指导和帮助，提高学生对学校生活的适应性。但是现实中，许多教师只关注学生学习分数的高低，很少关注学生生活及情感方面的需求。因此教师们应该转变过去陈旧的教育观念，明确自己的角色，用积极的态度和专业系统的知识去教育和帮助留守儿童。不仅要在学习上关注学生的发展，还要在日常的生活中，关注学生的生活状况和心理需求。从多方面了解学生，因材施教，帮助学生适应学校生活。

2.改善教学方法

从调查结果上看，寄宿学生在学校适应性中比较困难的就是学习适应，由于该校师资不足，经常换老师，寄宿学生对学习的不适应主要体现在不适应教师的教学。对新老师而言最重要的是提升自己的教学水平，树立科学的教育观念，改进教学方法，更好地满足学生需求，使他们尽快适应。除此之外，教师要注重培养学生的学习习惯和自主学习能力，帮助学生在学习上取得进步，以此增强学生的学习信心和适应性。

（三）家庭层面

1.树立正确的家庭教育观念

本课题组在调查中发现，绝大多数寄宿生监护人的受教育水平普遍不高。而监护人受教育水平的高低，往往会直接影响他们与孩子沟通的内容和方式。通常他们只关心孩子的生活，在学习上很少能够给予关心与帮助，也很少向教师了解孩子在校的情况，他们将孩子的教育完全交给学校和老师。监护人的这种教育观念使得寄宿生在学习上很少得到来自家长的帮助和鼓励，情感上也没有寄托，进而影响了他们对学校的适应。因此，学校应加强与学生监护人的沟通，要让他们了解家庭教育对于学生的重要性和不可替代性，并帮助他们改善家庭教育观念。

2. 父母加强与孩子的沟通交流

父母与孩子的关系融洽可以促进孩子的健康成长，沟通交流则是增进他们关系的有效方法。大多数寄宿生的父母在外务工，他们只能在周末通过电话与父母联系，而不能与父母面对面地交流。但父母通常都只是询问孩子的成绩，要他们努力学习、听老师和长辈的话，缺少情感交流和对孩子的关心。因此，建议外出务工的父母要经常以打电话、视频聊天等方式与孩子进行沟通。在学习上多鼓励他们，并全面了解他们的需求，弥补他们的情感缺失。

综上所述，学生的学校适应性对寄宿制学校的建设和学生个人的成长都起着至关重要的作用。本章基于对重庆市某县 × 小学寄宿留守儿童的情况做实地调查，发现农村留守儿童的学校适应状况总体良好。但寄宿制留守儿童在学校适应中也存在着一些问题，例如在学习上不能适应老师的教学，部分学生有厌学情绪，由于情感缺失而产生恋家情绪和孤独感等。本章在结合了寄宿制留守儿童在学校适应方面的问题和影响因素的分析基础上，提出了提高寄宿制学校农村留守儿童的学校适应性的相关建议，以期提高农村寄宿制留守儿童的学校适应性和积极心理品质。

本研究仍存在很多不足和需要改进的地方，如访问的对象不够全面，分析出的结果不能够完全代表所有农村寄宿制学校的真实情况，存在问题的普遍性还需要进一步的研究分析，提出的建议的有效性有待验证。希望上述问题在接下来的深入研究中可以得到较好地解决，从而切实提高广大农村寄宿制留守儿童的学校适应性，有效培养其积极心理品质。

第三节　改善人身安全现状，提升积极心理品质

人身安全是农村留守儿童的一种迫切需要。改善农村留守儿童的人身安全现状，最大程度地满足他们的安全需要，对于提升他们的积极心理品质而言，不仅是有效的，而且是必需的。基于此，本课题组以重庆市巫溪县某镇 X 小学为例，展开了对农村留守儿童人身安全现状的调查研究。

众所周知，由于农村留守儿童在成长过程中缺乏父母的监护和教育，导致一些农村留守儿童无力抵御来自外界的未知风险；再加上农村地处偏远地区，往往受限于经济水平的制约，安全知识教育与城镇之间存在着一定的差距。因此，如何妥善解决农村留守儿童的人身安全问题，已成为一个亟待解决的社会问题。本研究以重庆市巫溪县某镇为例，通过调查了解当地的基本现状，并在相关文献的支撑下，分析问题产生的原因，从而提出改善策略。

一、概念界定

姚素雯在 2016 年《广州市增城区农村留守儿童安全问题调查报告》中提出："人身安全问题是指生命受到威胁、危险、危害和损失。从广义范畴上讲包括人的生命、健康、行动自由、人格、名誉等安全；从狭义范畴上讲是指作为自然人的身体本身的安全。"而本课题涉及的农村留守儿童人身安全问题则主要是指后者，不包括心理健康和行为偏差。

二、农村留守儿童人身安全问题现状调查

（一）我国农村留守儿童群体的基本情况

据全国妇联的统计，中国农村留守儿童数量在不断扩大。在农村小学当中，留守儿童和非留守儿童的比例更是接近 1：1。就以本研究进行调查的重庆市巫溪县某镇 X 小学为例，该校总人数 1100 人，其中留守儿童人数就达到了 450 人。因此数量庞大的农村留守儿童教育问题也就成为了社会上比较热点的话题。

全国妇联在 2015 年对全国 12 个省市农村留守儿童进行调查后提到，农村留守儿童由于缺乏父母监护教育导致在日常生活中面临的安全隐患增大，其中主要有易受意外伤害、行为偏差、非法侵害三个方面。

毕学成在 2012 年《农村留守儿童基本情况调查研究》中提到，引发农村留守儿童安全问题最主要的原因是监管不到位和自身自控能力差。与非留守儿童相比，农村留守儿童在日常生活中往往更加任性，由于监护人并非亲生父母，这使得代理监护人的管理难度变大。再加上许多农村地区的学校对安全知识教育不太重视，从而导致农村留守儿童从事危险活动的概率大大增加。

（二）农村留守儿童人身安全问题的现状

通过前期对重庆市巫溪县某镇 X 小学师生的走访了解，该校位于重庆市巫溪县某镇，在校师生为 1100 人，其中留守儿童达 450 人，占比约 41%。通过对该校随机取样的 10 名农村留守儿童及其老师、家长的访谈调查，分析出农村留守儿童人身安全问题的现状主要有以下几点：

1. 自我安全意识薄弱

农村留守儿童人身安全问题频发的最根本原因就是农村留守儿童自身的安全防范意识不足。

对留守儿童的访谈

问：平时课余时间在家一般做些什么？

答：写完作业后就和小伙伴到处玩、跑、跳，比如河边抓鱼、在树林里捉迷藏这类游戏。

问：你认为你在家的这些活动当中哪些是具有危险的？

答：应该都没有危险吧！我的朋友每天在家都这样，而且我跟着他们一起是不会有危险的。

问：爸爸妈妈或者在家照顾你的爷爷奶奶平时有没有给你说过类似于要注意安全的这类话？

答：记不清楚了，不过印象中的次数好像不多。

对留守儿童父母的访谈

问：平时和孩子沟通的频率是多少次？会不会主动教导孩子有关人身安全方面的知识？

答：在外面打工时一般都会每个月给家里打三到四个电话，差不多每周一次。因为工作很忙通话时间不会太长，一般通话就是关心学习，在家有没有听爷爷奶奶的话之类的问题。很少会主动教导孩子注意日常人身安全这类问题，因为自己对如何防范人身安全这方面的知识了解得也不多。

问：你对日常安全知识教育了解多少？能举例说一说吗？

答：这方面了解得还真是不多，就偶尔在网上会了解一些，比如交通安全，因为长年在外奔波，交通安全还了解一点，其他方面的就不太懂了。

对学校老师的访谈

问：学校每周安排的安全知识教育课程的频率是？

答：课表上安排的是每班每周一节，但基本都用来上语文或者数学课。学生学业繁重，加上学校也没有这方面的老师，所以基本很少开展这类课程。

问：学校有没有安排非课堂的安全知识教育？比如针对学生在家中的安全知识。

答：一般情况下每周五下午放学前会全校集中讲一点安全知识，主要强调的就是学生上下学时的安全问题，基本不会涉及学生在家时的安全知识。

根据访谈了解到，在农村地区父母外出务工是一种常态，而农村留守儿童和父母每年见面及相处时间加起来基本上不到两个月，而在这短短的两个月左右的时间内，父母对于孩子的安全知识教育或教导往往是很匮乏的。一方面是因为父母自身的知识水平不高，导致对孩子无法进行有效的安全知识教育；另一方面是因为父母和孩子见面相处时间太短，父母也很难抽出时间来对孩子的生活状态或是安全教育工作做过多的了解，导致了农村留守儿童人身安全意识薄弱，农村留守儿童与非留守儿童相比，从父母方面汲取的安全知识就相对匮乏。再加上农村地区的小学存在一定的教育盲区，这些留守儿童往往也很难从学校了解到与人身安全有关的知识和教育，因此农村留守儿童的人身安全保护意识薄弱就成为不可避免的问题。

2. 易受意外伤害

农村留守儿童的监护人一般多为隔代监护，这类监护人往往很难对留守儿童进行有效监管，因此就大大提升了农村留守儿童受到意外伤害的可能性。

对留守儿童访谈

问：在你和你朋友平时玩耍的过程中有没有出现过意外？

答：有一次我和我的几个朋友在河边去钓鱼，就有一个朋友因为脚底打滑不小心从一块很高的石头上摔下来了，当时他的腿上就划了很长一道伤口，结果一周没去上课。

问：家中大人没对你们说过私自下河是很危险的吗？

答：没有。

对留守儿童父母的访谈

问：你认为日常安全教育的重要程度？

答：农村地区能发生什么安全问题！我们这辈人从小就是野着长大的，也没见有多大的安全问题。农村不比城市，要安全得多。

问：有没有和代理监护人就你家孩子日常在家的人身安全问题进行过讨论？

答：我既然能选择将我的孩子交给他就说明是值得我信赖的，安全问题就不用我自己担心了。

一方面，大部分农村留守儿童在课余、周末、寒暑假期间，可供娱乐的正规项目或体育活动设施屈指可数，根本不能满足数量众多的农村留守儿童课余活动的需要。因此加大了农村留守儿童在家从事危险活动的可能。另一方面，农村留守儿童大多都是与代理监护人生活在一起，代理监护人的监管能力不足，安全意识往往也不足，缺乏防护措施和有效的监管，从而导致留守儿童意外事故发生率较高。杜娟在2015年《政府在完善留守儿童人身安全保护制度中的对策》中提道，"农村留守儿童常见的意外伤害主要有烧伤、触电、溺水、交通事故、被拐卖等"。[①]轻者对儿童身心造成损伤，严重者甚至直接导致死亡。

3.易遭受校园暴力

根据实际调查发现，较之于农村非留守儿童，农村留守儿童遭受暴力

---

① 杜娟：《政府在完善留守儿童人身安全保护制度中的对策》，《中北大学学报（社会科学版）》2015年第5期。

情况更为严重。农村留守儿童由于父母长年在外，很少能有机会和父母沟通，因此一些留守儿童的性格较孤僻、内向。往往就是因为这种孤僻在其他非留守儿童看来就是一种懦弱，继而出现对留守儿童的羞辱或者是打骂。留守儿童在面对此类问题时因为性格内向，很少会主动和老师、父母沟通交流以寻求帮助。段成荣在 2008 年《农村留守儿童安全问题研究》中提道，"有高达 33% 的留守儿童在面对校园暴力时选择了默默忍受，8% 的留守儿童选择了求饶，8% 的留守儿童选择用暴力还击"。① 校园伤害给农村留守儿童带来的心理伤害和身体上的伤害都是不可磨灭的。

三、农村留守儿童人身安全问题产生的原因

通过查阅相关文献以及实地调查了解后，本研究拟主要从家庭监管、学校教育以及农村社会环境等方面对农村留守儿童人身安全问题产生的原因进行阐述。

（一）家庭教育与监管缺失

农村留守儿童在日常生活中严重缺乏父母的关爱与教导。本课题组在实际调查中了解到，农村留守儿童在家的日常行为活动缺乏监护人有效的监管，从而导致农村留守儿童在家从事危险活动的情况尤为突出。

一方面，农村留守儿童往往和父母之间的沟通局限于电话等通信设备，因此在日常生活中遇到各类问题时，无法及时有效地与父母进行沟通，缺乏父母有效的监护。而代理监护人往往是祖辈或是亲戚朋友，由于受到知识、精力等多方面因素的限制，也无法有效地担负农村留守儿童的人身安全教育和安全监管的责任。据全国妇联的调研显示"34% 的受访看

---

① 段成荣：《农村留守儿童安全问题研究》，《中国科学报》2014 年 1 月 6 日。

护人承认他们仅仅有时候关心孩子的安全，8%的受访看护人说他们根本无暇顾及孩子的安全问题"。①

另一方面，农村留守儿童的父母对于人身安全问题的预防等相关知识了解不足也是导致农村留守儿童人身安全事故频发的原因之一。教育家蔡元培说过："家庭者，人生最初之学校也。"家庭是孩子最初学习知识的场所，家庭教育对于孩子的成长起着十分重要的作用，农村父母对于人身安全知识的缺乏也直接导致了农村留守儿童人身安全知识的缺失。因此在这种环境下的安全监管和家庭教育，在现实中难以有效地为农村留守儿童的人身安全问题提供保障。

（二）农村学校人身安全教育落后

农村地区的学校办学条件相较于城镇还存在着很大的差距，师资力量和教育观念等方面也有待提高。同时农村学校对于留守儿童的人身安全问题教育的重视力度也存在着严重的不足，缺乏对留守儿童系统的、有针对性的人身安全知识教育。

以本章随机取样进行调查的重庆市巫溪县某镇 X 小学为例，该校在校老师人数为 83 人，但其中语数教师等占其中的 65 人，负责分管生活方面的老师仅有 1 人。通过对该校进一步的调查了解到，该校每班每周都会安排一节安全知识教育课程，但该课程往往被语数老师所占用，形同虚设。

由此可见，农村学校在对留守儿童的人身安全知识教育方面可能普遍存在着缺陷。导致农村留守儿童在自我保护意识及其相关知识的缺乏。同时，农村学校监管力度不足在一定程度上也导致了留守儿童易受校园暴力侵害。

---

① 全国妇联课题组：《全国农村留守儿童城乡流动儿童状况研究报告》，《中国妇运》2013年第 6 期。

（三）农村周边安全隐患居多

农村地区目前基础娱乐设施建设也比较匮乏。以本课题组调查了解的重庆市巫溪县某镇为例，该镇有 10 个村委会、2 个社区居委会。其中除两个社区有一定娱乐活动设施外，其余 10 个村均无基本娱乐设施。

由此折射出的是大多数农村留守儿童课余生活太过单一，而儿童往往存在着好玩的天性，以上种种原因就直接导致了农村留守儿童在课余生活中从事危险活动的概率大大提升。

四、农村留守儿童人身安全问题的解决对策

通过对文献的分析总结加上实地走访调查，针对如何有效提高农村留守儿童的人身安全问题，本课题组尝试性地提出针对家庭、学校及社会三方面的解决对策。

（一）家庭方面

1.加强家庭教育

家庭教育往往在孩子成长过程中具有重要的地位，父母也是孩子心中的第一任老师，因此来自父母的人身安全教育有着不可替代的地位。但本课题组在实际调查了解到农村留守儿童由于父母需要常年外出务工且离家较远，导致和父母相处时间短，大部分时间都是通过电话沟通交流。而在通话过程中，一般也不会涉及人身安全这类的话题。

留守儿童父母应加强和儿童在日常对话中关于人身安全问题的教育，可通过微信、QQ 等社交聊天软件与孩子进行对话沟通。父母要学会倾听，多关注孩子日常生活中的一些问题，而不仅仅局限于学习，潜移默化地提升留守儿童的人身安全意识。

2.加强监护人监护意识

父母应与留守儿童的代理监护人进行频繁的沟通交流，提升代理监护人的责任意识，本课题组在调研过程中了解到，代理监护人往往认为自身并非留守儿童的父母，从而很大程度上在内心弱化自己在留守儿童监管方面的责任。

农村留守儿童父母应在和代理监护人的沟通交流过程中增强其安全监管意识，对于代理监护人进行有效的科普。在条件允许的前提下，尽量选择责任心强的代理监护人，将监管方面的安全可靠性提到最高。

（二）学校方面

1.加强人身安全意识培养

当农村留守儿童人身安全意识提高后，很大程度上才能从根本上改善农村留守儿童的人身安全问题。学校作为教育场所有义务提升农村留守儿童的人身安全意识，教师可在日常课程中加入人身安全意识的教育，从学校教育层面提升留守儿童的人身安全意识。

2.加强校园安全监管

加强农村校园安全监管能有效地降低校园暴力的发生。结合本课题组调研发现，许多教师认为农村留守儿童在校的安全问题是学校安保人员的责任，因而对此置之不理。对此，加强农村校园安全监管就显得尤为重要。一方面学校可加大安保人员的投入。另一方面学校可通过带动学校教师参与安保工作，利用教师的空闲时间加入校园安全巡逻，不仅可以加强教师本身的安全意识，还可以提升校园安全。

（三）社会方面建议改善农村周边环境

农村地区基本娱乐设施数量过少的现实情况，在一定程度上提高了农村留守儿童从事危险活动的可能性，应加强农村地区基础设施的建设。加强农村地区的娱乐设施建设从一定程度上有利于丰富农村留守儿童的课余生活，减少农村留守儿童从事危险行为的可能性。同时，应加强农村地区安全标语的建设，如多张贴"禁止下河游泳""森林防火"等标语。

本研究致力于了解农村留守儿童人身安全问题的现状并努力寻求有效对策。在研究过程中，本课题组成员通过对重庆市巫溪县某镇 X 小学部分师生及其家长访谈调查，分析个案了解当地实际情况，并在借助相关文献的基础上完成本研究。

在本研究的前期访谈调查及撰写过程中发现，导致农村留守儿童人身安全事故频发最主要的原因是安全意识不足，其中学生缺乏自保意识、家长缺乏安全监护意识、教师缺乏安全教育意识尤为严重。但本研究也存在一些有待改进的方面，如访问的对象不够全面，分析出的结果可能难以完全代表所有农村留守儿童人身安全问题的真实情况，解决对策的普遍性及推广性还需要进一步的研究分析等。农村留守儿童人身安全问题的保障，亟待更多力量的加入。我们同时也非常期待在以后的工作中可以更多将理论和策略运用到实践中去，以求努力改善广大农村留守儿童的人身安全现状，最大限度地满足他们的人身安全需要，切实提升他们的积极心理品质。

总体而言，在现代化高速发展的教育行业中，农村基础教育愈发受到广泛的关注。对农村留守儿童积极心理品质的教育培养，具有重大的现实意义及深刻的理论意义。

附　录

调查问卷

幸福感调查问卷

尊敬的同学：

您好！为了了解你们当前时间段的幸福感，我将通过此次问卷进行调查，调查内容将用作论文素材，感谢同学们的支持与配合。本调查是不记名方式，答案无对错之分，以下均为单选题，在选项中画√。能倾听您的想法，我感到非常荣幸，谢谢！

1.你的性别：

A 男　　　　　B 女

2.你的年级：

A 三年级　　　B 四年级　　　C 五年级　　　D 六年级

3.是否为独生子女：

A 是　　　　　B 否

4.父亲的文化程度：

A 没上过学　　B 小学文化　　C 初中文化　　D 高中

E 大学及以上

5.母亲的文化程度：

A 没上过学 　　　B 小学文化 　　　C 初中文化 　　　D 高中

E 大学及以上

6.你目前主要由谁教育你，即你的监护人是：（选 A 不做 9—15 题）

A 父母双方 　　　B 爸爸 　　　　　C 妈妈

D 祖辈（爷爷奶奶或外公外婆） 　　E 亲戚朋友

7.监护人的文化程度：

A 没上过学 　　　B 小学文化 　　　C 初中文化 　　　D 高中

E 大学及以上

8.监护人会关心辅导你的学习吗？

A 会并能全面辅导 　　　　　　B 会但只能辅导一部分

C 会关心但没能力辅导 　　　　D 完全不关心

9.监护人与你联系通常比较关心的内容是：

A 日常生活 　　　B 学习情况 　　　C 为人处世心理健康状况

D 其他

10.父/母亲外出务工的时间：

A 1 年以内 　　　B 1—3 年 　　　C 3—5 年 　　　　D 5 年以上

11.外出父母或一方约多长时间和你联系一次：

A 每天 　　　　　B 一周至一月 　　C 一月至半年 　　D 半年及以上

E 基本不联系

12.你对父母外出务工怎么看：

A 能够理解 　　　B 比较反感 　　　C 无所谓

13.你对你的学习状况满意吗？

A 非常满意 　　　B 比较满意 　　　C 不太满意 　　　D 很不满意

14.老师是否会找你谈心：

A 经常 　　　　　B 有时 　　　　　C 没有

15.老师做家访的情况：

A 随时有　　　　　　B 至少一学期 1 次　　　　　　　C 一年或几年 1 次

D 没有

16.是否有兄弟姐妹：

A 是　　　　　　B 否

以下是一些关于个人幸福感的陈述。每题有四个句子，请选择一个与你过去一周（包括今天）的感受最相符的一种描述。

1

A 我觉得不幸福。

B 我觉得还算幸福

C 我觉得很幸福

D 我觉得非常幸福

2

A 我对将来不是很乐观

B 我对将来觉得乐观

C 我觉得我很有希望

D 我觉得将来充满希望，前景光明

3

A 我对我生活中的任何事情都不满意

B 我对我生活中的有些事情感到满意

C 我对我生活中的很多事情感到满意

D 我对我生活中的每件事情感到满意

4

A 我觉得我一点儿也不能主宰我的生活

B 我觉得我至少能部分主宰我的生活

C 我觉得我在大多数时候能主宰我的生活

D 我觉得我完全能主宰我的生活

5

A 我觉得生活毫无意义

B 我觉得生活有意义

C 我觉得生活很有意义

D 我觉得生活意义非凡

6

A 我不太喜欢自己

B 我喜欢我自己

C 我很喜欢我自己

D 我对自己的样子满怀欣喜

7

A 我无法改变任何事情

B 我有时能够很好地改变一些事情

C 我通常能够很好地改变一些事情

D 我总是能够很好地改变一些事情

8

A 我觉得生活就是得过且过

B 生活是美好的

C 生活很美好

D 我热爱生活

9

A 我对别人不太感兴趣

B 我对别人比较感兴趣

C 我对别人很感兴趣

D 我非常热衷于别人的事情

10

A 我发现做决定很难

B 我发现做某些决定比较容易

C 我发现做大多数决定都很容易

D 做所有的决定对我而言都很容易

11

A 我发现要着手做一件事情很难

B 我发现要着手做一件事情比较容易

C 我发现要着手做一件事情很容易

D 我觉得我能够做任何事情

12

A 和别人在一起我觉得不开心

B 和别人在一起我有时候会觉得开心

C 和别人在一起我常常觉得开心

D 和别人在一起我总是会开心

13

A 我一点也不觉得自己精力充沛

B 我觉得自己精力比较充沛

C 我觉得自己精力很充沛

D 我觉得自己有使不完的劲

14

A 我认为所有的事情都不美好

B 我发现有些事情是美好的

C 我发现大多数事情是美好的

D 整个世界对我而言都是美好的

15

A 我觉得我自己的思维不敏捷

B 我觉得我自己的思维比较敏捷

C 我觉得自己的思维很敏捷

D 我觉得自己的思维异常敏捷

16

A 我觉得自己不健康

B 我觉得自己比较健康

C 我觉得自己很健康

D 我觉得自己非常健康

17

A 我对别人缺乏温情

B 我对别人有些温情

C 我对别人充满温情

D 我爱所有的人

18

A 我的过去没有留下幸福的记忆

B 我的过去有些幸福的记忆

C 过去所发生的大多数事似乎都幸福

D 我所有的过去都非常幸福

19

A 我从来都没有高兴过

B 我有时会高兴

C 我经常都很高兴

D 我总是处于高兴状态中

20

A 我所做的都不是我想要做的

B 我有时候会高兴

C 我经常都很高兴

D 我总是处于高兴的状态中

21

A 我不能很好地安排我的时间

B 我能较好地安排我的时间

C 我能很好地安排我的时间

D 我能把我想做的事情都安排得非常妥当

22

A 我不和别人一起玩

B 我有时候和别人一起玩

C 我经常和别人一起玩

D 我总是和别人一起玩

23

A 我不会使别人高兴

B 我有时候会使别人高兴

C 我经常会使别人高兴

D 我总会使别人高兴

24

A 我的生活没有任何意义和目的

B 我的生活没有意义和目的

C 我的生活很有意义和目的

D 我的生活充满了意义，而且目的明确

25

A 我没有尽职尽责和全身心投入的感觉

B 我有时候会尽职尽责并全身心投入

C 我经常会尽职尽责并全身心投入

D 我总是尽职尽责并全身心投入

26

A 我很少笑

B 我比较爱笑

C 我经常笑

D 我总是在笑

27

A 我觉得世界不美好

B 我觉得世界比较美好

C 我觉得世界很美好

D 我觉得世界美好极了

28

A 我认为我的外表丑陋

B 我认为我的外表还过得去

C 我认为我的外表有吸引力

D 我认为我的外表非常有吸引力

29

A 我发现所有的事情都索然无味

B 我发现有些事情有趣

C 我发现大多数事情都有趣

D 我发现所有的事情都非常有趣

自尊调查问卷

亲爱的小朋友 / 同学：

您好！这是一份有关留守儿童目前情况的问卷调查，你的个人情况相当宝贵，请就你的感受如实填写，此卷不记名、调查结果仅供研究使用，绝对保密，谢谢参与！

说明：请在你所选择的答案方框或序号前面打"√"，若未标注多选的皆为单选题，在此，对你的积极配合及参与表示诚挚的谢意！

1. 你的性别是？

☐男　　　　☐女

2. 你就读的年级？

☐三年级　　☐四年级　　☐五年级　　☐六年级

3. 监护人的文化程度？

☐没上过学　☐小学文化　☐初中文化　☐高中

☐大学及以上

4. 你通常多久与父母联系一次？

☐一周一次　☐一月一次　☐不定时的经常联系

☐很少联系

5. 家里面有哥哥姐姐或者是弟弟妹妹吗？

□有　　　　　□没有

6. 爸爸妈妈都在家吗？

□只有爸爸在家　　　　　　　□都在家

□只有妈妈在家　　　　　　　□都不在家

提示：第六题选择爸爸妈妈都不在家的同学请继续做第七、八两题，选择其他选项的同学第七、八两题就跳过，感谢你的支持，祝学业进步！

7. 爸爸妈妈都不在家你是和谁一起生活的呢？

□爷爷奶奶或外公外婆　　　　□哥哥姐姐

□弟弟妹妹　　　　　　　　　□亲戚朋友

8. 今年爸爸妈妈有回家过年吗？

□爸爸或妈妈一个人回来的　　□爸爸妈妈都没回来

□爸爸妈妈都回来了

9. 你和你父母的关系好吗？

□很好　　　　□一般，但是能正常沟通　　　□很少沟通

□几乎不沟通

10. 通常你遇到问题会怎么解决？

□求助老师　　□求助同学　　□求助亲戚　　□自己解决

11. 父母不在身边，你觉得自己性格变了吗？

□变了　　　　□没变

12. 家里有人督促你的学习吗？

□有　　　　　□没有

13. 你觉得父母出去打工好不好？

□好　　　　　□一般般　　　□不好

14. 父母不在家，你觉得对你学习最大的影响是？

□学习没人监管、辅导　　　　□想念父母，精力分散

□没有问题　　　　　　　　　□其他

15.你会主动给父母打电话吗？

□经常　　　　□偶尔　　　　□几乎不会

16.我认为自己是个有价值的人，至少与别人不相上下。

（1）非常同意　　（2）同意　　（3）不同意　　（4）非常不同意

17.我觉得我有许多优点。

（1）非常同意　　（2）同意　　（3）不同意　　（4）非常不同意

18.总的来说，我倾向于认为自己是一个失败者。

（1）非常同意　　（2）同意　　（3）不同意　　（4）非常不同意

19.我做事可以做得和大多数人一样好。

（1）非常同意　　（2）同意　　（3）不同意　　（4）非常不同意

20.我觉得自己没有什么值得自豪的地方。

（1）非常同意　　（2）同意　　（3）不同意　　（4）非常不同意

21.我对自己持一种肯定的态度。

（1）非常同意　　（2）同意　　（3）不同意　　（4）非常不同意

22.整体而言，我对自己感到满意。

（1）非常同意　　（2）同意　　（3）不同意　　（4）非常不同意

23.我要是能更看得起自己就好了。

（1）非常同意　　（2）同意　　（3）不同意　　（4）非常不同意

24.有时我的确感到自己很没用。

（1）非常同意　　（2）同意　　（3）不同意　　（4）非常不同意

25.我有时认为自己一无是处。

（1）非常同意　　（2）同意　　（3）不同意　　（4）非常不同意

本问卷到此结束，感谢你的参与，祝学习进步，生活快乐！

需补：感恩调查问卷和希望感调查问卷

感恩调查问卷

亲爱的小朋友：

您好！我们问了一些问题，请就你的感受如实填写，你的答案无对错之分。此卷不记名、调查结果仅供研究使用，绝对保密，谢谢参与！

说明：请在你所选择的答案方框或序号前面打"√"，若未标注多选的皆为单选题，在此，对你的积极配合及参与表示诚挚的谢意！

1.你的性别是？

□男　　　　　□女

2.你就读的年级？

□四年级　　□五年级　　　□六年级

3.监护人的文化程度？

□没上过学　□小学文化　　□初中文化　　　□高中

□大学及以上

4.你通常多久与父母联系一次？

□一周一次　□一月一次　　□不定时的经常联系

□很少联系

5.家里面有哥哥姐姐或者是弟弟妹妹吗？

□有　　　　□没有

6. 爸爸妈妈都在家吗？

☐只有爸爸在家　　　　　　　　☐都在家

☐只有妈妈在家　　　　　　　　☐都不在家

提示：第 6 题选择爸爸妈妈都不在家的同学请继续做第 7、8 两题，选择其他选项的同学第 7、8 两题就跳过，感谢你的支持，祝学业进步！

7. 爸爸妈妈都不在家你是和谁一起生活的呢？

☐爷爷奶奶或外公外婆　　　　☐哥哥姐姐　　　☐弟弟妹妹

☐亲戚朋友

8. 今年爸爸妈妈有回家过年吗？

☐爸爸或妈妈一个人回来的　　　☐爸爸妈妈都没回来

☐爸爸妈妈都回来了

9. 你和你父母的关系好吗？

☐很好　　　☐一般，但是能正常沟通　　　☐很少沟通

☐几乎不沟通

10. 通常你遇到问题会怎么解决？

☐求助老师　　☐求助同学　　　☐求助亲戚　　☐自己解决

11. 父母不在身边，你觉得自己性格变了吗？

☐变了　　　☐没变

12. 家里有人督促你的学习吗？

☐有　　　☐没有

13. 你觉得父母出去打工好不好？

☐好　　　☐一般般　　　☐不好

14. 父母不在家，你觉得对你学习最大的影响是？

☐学习没人监管、辅导　　　☐想念父母，精力分散

☐没有问题　　　☐其他

15. 你会主动给父母打电话吗？

□经常　　　　□偶尔　　　　□几乎不会

16. 我生命中有非常多值得感谢的地方。

①完全不同意　　②比较不同意　　③有些不同意　　④不能确定

⑤有点同意　　　⑥比较同意　　　⑦完全同意

17. 假如要我列出值得感谢的事，这张单子会很长。

①完全不同意　　②比较不同意　　③有些不同意　　④不能确定

⑤有点同意　　　⑥比较同意　　　⑦完全同意

18. 我看不到这世界有什么值得感谢的地方。【反向计分】

①完全不同意　　②比较不同意　　③有些不同意　　④不能确定

⑤有点同意　　　⑥比较同意　　　⑦完全同意

19. 我对很多人都很感激。

①完全不同意　　②比较不同意　　③有些不同意　　④不能确定

⑤有点同意　　　⑥比较同意　　　⑦完全同意

20. 我年纪越大越感受到生命中的人、事、物对我的帮助，他们是我生命历程的一部分。

①完全不同意　　②比较不同意　　③有些不同意　　④不能确定

⑤有点同意　　　⑥比较同意　　　⑦完全同意

21. 要经过很久的时间以后，我才会对某人或某事感到感激。

①完全不同意　　②比较不同意　　③有些不同意　　④不能确定

⑤有点同意　　　⑥比较同意　　　⑦完全同意

希望感调查问卷

亲爱的小朋友：

您好！这是一份有关小朋友目前情况的问卷调查，你的个人情况相当宝贵，请就你的感受如实填写，你的答案无对错之分。此卷不记名、调查结果仅供研究使用，绝对保密，能倾听小朋友的真实想法，我们感到非常荣幸，谢谢！

说明：请在你所选择的答案的方框前面打"√"，若未标注多选的皆为单选题，在此，对小朋友的积极配合及参与表示诚挚的谢意！

第一部分

1. 你的性别是？

□男　　　　　　□女

2. 你就读的年级？

□三年级　　　□四年级　　　□五年级　　　□六年级

3. 爸爸妈妈都在家吗？

□都在家　　　□只有爸爸在家　□只有妈妈在家　□都不在家

提示：上面第 3 题选择"都在家"的同学，则不做第 4—8 题，感谢小朋友的支持，祝学业进步！

4. 爸爸妈妈都不在家你是和谁一起生活的呢?

□爷爷奶奶或外公外婆　　　　□爸爸　　　　□妈妈

□亲戚朋友

5. 监护人的文化程度:

□没上过学　　□小学文化　　□初中文化　　□高中

□大学及以上

6. 父/母亲外出务工的时间:

□1年以内　　□1—3年　　□3—5年　　□5年以上

7. 父母或一方外出约多长时间和你联系一次:

□每天　　　□一周至一月　　□一月至半年

□半年及以上　□基本不联系

8. 你对父母外出务工怎么看:

□能够理解　　□无所谓　　　□比较反感

9. 是否为独生子女?

□是　　　　□否

10. 是否为单亲家庭?

□是　　　　□否

11. 父亲的文化程度:

□没上过学　　□小学文化　　□初中文化　　□高中

□大学及以上

12. 母亲的文化程度:

□没上过学　　□小学文化　　□初中文化　　□高中

□大学及以上

13. 监护人会关心辅导你的学习吗?

□会并能全面辅导　　　　　□会但只能辅导一部分

□会关心但没能力辅导　　　□完全不关心

14. 监护人与你联系通常比较关心的内容是：

□日常生活　　　□学习情况　　　□为人处世

□心理健康状况　　　　　□其他

15. 你对你的学习状况满意吗？

□非常满意　　　□比较满意　　　□不太满意　　　□很不满意

16. 老师是否会找你谈心：

□经常　　　　　□有时　　　　　□没有

17. 老师做家访的情况：

□随时有　　　　　　　　□至少一学期1次

□一年或几年1次　　　　□没有

18. 是否有兄弟姐妹：

□是　　　　　□否

第二部分

以下是一些关于个人感觉的陈述。每题有六个选项，请选择一个与你过去一周（包括今天）的感受最相符的一种描述。对每句话，请回顾你在通常情况下是如何做的，与答案中的哪一条最相符，并在该条的方框内打钩（✓）。

1. 我认为我做得很不错。

□　　　　□　　　　□　　　　□　　　　□　　　　□

从不　　　偶尔　　　有时　　　不少　　　通常　　　总是

2. 我能够想出很多方式来应对生活中对我来说非常重要的事情。

□　　　　□　　　　□　　　　□　　　　□　　　　□

从不　　　偶尔　　　有时　　　不少　　　通常　　　总是

3. 我和同龄的孩子们做得一样棒。

☐   ☐   ☐   ☐   ☐   ☐

从不   偶尔   有时   不少   通常   总是

4. 当我遇到困境，我可以通过很多种方式来解决。

☐   ☐   ☐   ☐   ☐   ☐

从不   偶尔   有时   不少   通常   总是

5. 我认为我过去做过的事情将对我的未来有帮助。

☐   ☐   ☐   ☐   ☐   ☐

从不   偶尔   有时   不少   通常   总是

6. 就算别人放弃，我也知道自己可以找到解决问题的办法。

☐   ☐   ☐   ☐   ☐   ☐

从不   偶尔   有时   不少   通常   总是

农村寄宿制留守儿童课余活动调查问卷

亲爱的同学，你好：

为了进一步了解大家的课余生活状况，分析课余生活对大家生活的影响，特进行此次的问卷调查。你的回答无所谓对错，只要能真实反映你的想法，就能够为我们提供重要的参考资料。希望你能积极完整地填完问卷，我们将对你的回答完全保密，如果有疑问可以咨询你身边的老师。谢谢你的配合与支持！

除非有特别说明，每题一般只选择一个答案，请你在选择的答案序号上打"√"或在"___"填写相应的数字或文字。

1. 你的性别？　①男　　　　②女

2. 你的年龄 _____ 周岁

3. 你的民族？　①汉族　　　　②少数民族

4. 你今年上 _____ 年级，所居住的村庄 _____

5. 你是否是住校生？　　　　①是　　　　②否

6. 你是否来自单亲家庭？　　①是　　　　②否

7. 目前爸爸或妈妈外出打工的情况是

①爸爸一人外出打工　　　　②妈妈一人外出打工

③爸妈都外出打工　　　　　④爸妈都在家请跳至第 11 题

8. 爸爸或者妈妈外出打工有几年了?

①不到一年　　②一年到三年　　③三年到五年　　④五年以上

9. 目前你与谁一起生活

①爸爸或者妈妈　　　　　　　　②爷爷奶奶或者外公外婆

③爸妈的亲戚或者朋友　　　　　④自己独自生活

10. 你住校以后会觉得生活苦闷、没意思吗?

①经常　　　　②有时　　　　③很少　　　　④从来没有

11. 当你觉得苦闷的时候,你会怎么做?

①给父母打电话　　　　　　②找老师倾诉　　③找同学倾诉

④参加课外活动　　　　　　⑤自己写日记　　⑥自己憋着

12. 平常放学后,学校经常组织校内的课外活动吗?

①经常　　　　②有时　　　　③很少　　　　④从来没有

13. 平常放学以后,学校都组织哪些校内的课外活动? (可以多选)

①生活类活动例如培训衣食住行自理能力、防灾教育等

②学科类活动例如读书、看报、自学等

③科技类活动例如小观察、小制作、小发明等

④艺术类活动例如声乐、器乐、舞蹈、美术、书法等

⑤体育类活动例如球类、田径、跳绳、棋类等

⑥休闲类活动例如看电视或电影、做游戏等

⑦如果还有其他活动,请写出 ＿＿＿＿＿＿＿＿

14. 平常放学后,你进行校内的课外活动主要采用哪些形式? (可以多选)

①独自活动　　　　　　②同学们自己组织活动

③班级、少先队或共青团活动　　④学校统一组织的活动

⑤老师个人组织的活动　　⑥其他

15. 你一周平均参加校内的课外活动的时间有 ＿＿＿＿ 小时?

16.学校组织过哪些到学校外面的课外活动？（可以多选）

①到田间劳动，参与农业生产　　　②到公共场所清洗和维护公共设施

③进行艺术表演或者竞赛

④到公共场所进行主题宣传活动，例如环保、法制知识宣传等

⑤进行体育竞赛，例如越野跑等

⑥传统节日或者重大历史纪念日纪念活动，例如扫墓等

⑦野外观察和实验，例如收集标本等

⑧春游、秋游　　　　　　　　　⑨参观纪念馆或博物馆

⑩其他

17.你一学期平均参加 ＿＿＿＿ 次学校外面的课外活动？

18.你觉得学生是否有必要进行课外活动？

①非常必要　　②比较必要　　　③一般

④没什么必要　⑤完全没必要

19.有些人认为音乐、美术、体育没有语文、数学、外语重要，你同意这种观点吗？

①特别同意　　②比较同意　　　③一般

④不太同意　　⑤完全不同意

20.你愿意参加课外活动吗

①非常愿意　　②比较愿意　　　③一般

④不太愿意　　⑤很不愿意

21.如果你愿意参加课外活动，为什么？（可以多选）

①自己对课外活动的内容感兴趣　②学校强制参加

③老师鼓励参加　　　　　　　　④家长鼓励参加

⑤其他同学参加，我也就参加　　⑥有机会表现自己给其他人看

⑦学校生活沉闷，缓解情绪

⑧培养技能，为以后的生活做准备

⑨其他

22.如果你不愿意参加课外活动，为什么？（可以多选）

①对活动内容不感兴趣　　　　　②活动少，质量不高

③老师不让参加　　　　　　　　④家长不让参加

⑤会耽误学习的时间　　　　　　⑥怕不安全

⑦害羞，不愿意和很多人在一起

⑧没有特长，如果做不好的话，怕被嘲笑

⑨其他

23.你能自由地选择课外活动的项目吗？①能　　　　②不能

24.你为什么不能自由地选择课外活动的项目？

①老师会干涉　②家长会干涉　　③学校统一进行了分配

④其他

25.下列学校里面的课外活动中，你最愿意参加哪种？

①生活类活动例如培训衣食住行自理能力、防灾教育等

②学科类活动例如读书、看报、自学等

③科技类活动例如小观察、小制作、小发明等

④艺术类活动例如声乐、器乐、舞蹈、美术、书法等

⑤体育类活动例如球类、田径、跳绳、棋类等

⑥休闲类活动例如看电视和电影、听音乐、做游戏等

26.下列学校外面的课外活动中，你最愿意参加哪种？

①到田间劳动，参与农业生产

②到公共场所清洗和维护公共设施

③进行艺术表演或者竞赛

④到公共场所进行主题宣传活动，例如环保、法制知识宣传等

⑤进行体育竞赛，例如越野跑等

⑥传统节日或者重大历史纪念日纪念活动，例如扫墓等

⑦野外观察和实验，例如收集标本等

⑧春游、秋游

⑨参观纪念馆或博物馆

27. 你最喜欢哪种形式的课外活动？

①独自活动　　②同学们自己组织的活动

③班级、少先队或共青团活动

④学校统一组织的活动

⑤老师个人组织的活动

⑥其他

28. 若是参加完课外活动后，你是否会感觉心情舒畅？

①好很多　　　②好一些　　　③一般　　　　④没变化

⑤更差

29. 你觉得参加课外活动影响学习吗？

①特别影响　　②比较影响　　③一般

④没什么影响　⑤完全没影响

30 你认为你的课外活动丰富吗？

①非常丰富　　②比较丰富　　③一般

④不太丰富　　⑤很不丰富

31. 你对目前你所在学校的课外活动满意吗？

①非常满意　　②比较满意　　③一般

④不太满意　　⑤非常不满意

32. 学校组织的校内课外活动有固定的老师带领和指导吗？

①有　　　　　②没有

33. 学校组织的校内课外活动有固定的时间吗？

①有　　　　　②没有

34. 学校组织的校内课外活动有固定的地点吗？

①有　　　　　②没有

35. 你有没有自己组织过课外活动？

①有　　　　　②没有

36. 你愿意自己组织课外活动吗？

①非常愿意　　②比较愿意　　　③一般

④不太愿意　　⑤很不愿意

37. 你觉得自己有能力组织同学们进行课外活动吗？

①有　　　　　②差不多　　　　③一般

④几乎没有　　⑤没有

38. 你所在学校的学生会少先队组织过课外活动吗？

①没有学生会　②学生会组织过　③学生会没有组织过

39. 你认为你所在的学校对学生的课外活动重视吗？

①非常重视　　②比较重视　　　③一般

④不太重视　　⑤很不重视

40. 你所在的学校是否每年都会举办运动会？

①是　　　　　②否

41. 你所在的学校是否每年都会举办艺术节？

①是　　　　　②否

42. 你的老师对你参加课外活动持什么态度？

①非常支持　　⑦比较支持　　　③一般

④不太支持　　⑤很不支持

43. 你的家长对你参加课外活动持什么态度？

①非常支持　　②比较支持　　　③一般

④不太支持　　⑤很不支持

44. 你所在的学校是否有下列课外活动的场地？（在下面选项空格内，把你的选择打上"√"）

	有	没有		有	没有
图书室			操场		
音乐室			篮球场		
舞蹈室			乒乓球场		
美术室			足球场		
书法室			排球场		
活动室			体育室		
电脑室			实验室		

45.你所在的学校是否有下列课外活动的器材或者设备？（在下面选项空格内，把你的选择打上"√"）

	有	没有		有	没有
图书或报刊			电视机		
常见的乐器			篮球		
电脑			足球		
常见的实验器材			排球		

46.你所在的学校是否有下列科目的专职老师？（在下面选项空格内，把你的选择打上"√"）

	有	没有		有	没有
音乐			舞蹈		
美术			体育		

47.你所在的学校每周有 ＿＿＿ 节音乐课，＿＿＿ 节美术课，＿＿＿ 节体育课，＿＿＿ 节活动课？

48.你所在的学校是否有专职的生活管理教师？

①有　　②没有

49.生活管理老师会组织课外活动吗？

①会　　②不会

50.你对学校的课外活动有什么期望和建议请简要说明：＿＿＿＿＿＿

参考文献

[1] 潘璐、叶敬忠：《农村留守儿童研究综述》，《中国农业大学学报》2009 年第 2 期。

[2] 陈荣双：《留守儿童心理健康研究述评》，《才智》2010 年第 3 期。

[3] 万增奎：《农村留守儿童的精神诉求和社会心理支持研究》，人民出版社 2014 年版。

[4] 《国务院关于加强农村留守儿童关爱保护工作的意见》，《中华人民共和国国务院公报》2016 年第 6 期。

[5] 段成荣、周福林：《我国留守儿童状况研究》，《人口研究》2005 年第 1 期。

[6] 《全国农村留守儿童状况研究报告》，《中国妇运》2008 年第 6 期。

[7] 全国妇联课题组：《全国农村留守儿童城乡流动儿童状况研究报告》，《中国妇运》2013 年第 6 期。

[8] 国家卫生和计划生育委员会流动人口司：《中国流动人口发展报告 2016》，中国人口出版社 2016 年版。

[9] 《一张表看清〈中国留守儿童心灵状况白皮书（2015）〉》，《中国民政》2015 年第 14 期。

[10] 谢新华、张虹：《国外移民留守儿童研究及其启示》，《青少年研究（山东省团校学报）》2012 年第 1 期。

[11] 叶仁荪、曾国华：《国外亲属抚养与我国农村留守儿童问题》，《农业经济问题》2006 年第 11 期。

[12] 邓静娴：《西方有没有留守儿童》，《中国西部教育》2012 年第 3 期。

[13] 魏凯：《留守儿童问题之国外经验借鉴与立法建议》，《法制博览（中旬刊）》2013 年第 4 期。

[14] 任金杰、黄丽颖：《农村留守儿童心理健康状况及影响因素研究》，《通化师范学院学报》2017 年第 7 期。

[15] 杨晓华：《留守儿童心理健康状况及相关因素研究》，山东大学硕士学位论文，2001 年。

[16] 廖燕萍：《农村留守儿童心理健康的家校协同对策分析》，《学刊》2018 年第 24 期。

[17] 范方、桑标：《亲子教育缺失与留守儿童人格、学绩及行为问题》，《心理科学》2005 年第 4 期。

[18] 杨通华：《留守儿童心理健康：人格特质与社会支持的影响》，中国心理学会发展心理专业委员会第十三届学术年会摘要集，中国心理学会发展心理专业委员会编，东北师范大学教育学部心理学院，2015 年。

[19] 李剑敏：《留守儿童心理问题原因及对策》，《内江科技》2018 年第 9 期。

[20] 谭细龙：《加强心理健康教育，化解中学生敌对情绪》，《培训与研究（湖北教育学院学报）》2001 年第 3 期。

[21] 李德勇：《农村留守儿童自卑心理的成因及表现》，《文教资料》2013 年第 20 期。

[22] 丁连云：《关注留守儿童心理健康问题与对策》，《中国农村教育》2018 年第 6 期。

[23] 范方、桑标：《亲子教育缺失与"留守儿童"人格、学绩及行为问题》，《心理科学》2005 年第 4 期。

[24] 李佳圣：《农村留守儿童教育存在的问题及对策》，《教育探索》2011 年第 12 期。

[25] 王艺璇：《留守儿童人际交往能力改善研究》，西北师范大学硕士学位论文，2014 年。

[26] 李小燕：《留守儿童的心理问题及其对策分析》，《吉林广播电视大学学报》2017 年第 8 期。

[27]《中国大百科全书·社会学》，《大百科全书出版社》2001 年版。

[28] 刘红升、靳小怡：《西部农村留守儿童的家庭教育主体研究》，《教育评论》2017 年第 11 期。

[29] 王家源：《留守儿童家庭教育问题不容忽视》，《中国教育报》2017 年 11 月 15 日。

[30] 黄宝中、闫文彩：《我国农村留守儿童家庭教育问题与对策探讨》，《黑龙江教育学院学报》2008 年第 9 期。

[31] 周世军、李科生、周正怀：《农村"留守儿童"的成长障碍及矫治》，《当代

教育论坛（上半月刊）》。

[32] 顾燕燕：《谈农村隔代教育的负面影响及思考》，《当代教育论坛（宏观教育研究）》2008 年第 5 期。

[33] 邱爱芳：《农村隔代教育浅议》，《网络财富》2008 年第 8 期。

[34] 王永娟、沈汪兵、刘国雄等：《农村留守儿童心理健康状况的调查研究》，《西华大学学报（哲学社会科学版）》2011 年第 4 期。

[35] 刘晓慧、王晓娟、杨玉岩等：《不同监护类型留守儿童与一般儿童心理健康状况的比较研究》，《中国全科医学》2012 年第 13 期。

[36] 高亚兵：《不同监护类型留守儿童心理健康状况和人格特征比较》，《中国学校卫生》2009 年第 3 期。

[37] 邓龙、金俊、童修伦等：《随州地区不同监护类型留守儿童心理健康状况比较分析》，《世界最新医学信息文摘》2017 年第 33 期。

[38] 程艳艳：《农村"留守儿童"家庭教育问题研究》，东北师范大学硕士学位论文，2007 年。

[39] 田艳丽：《试析农村留守儿童的家庭教育问题及应对措施》，《农家参谋》2017 年第 18 期。

[40] 杨鑫雨：《浅析农村留守儿童家庭教育》，《黑龙江教育学院学报》2016 年第 2 期。

[41] 鲍雪霞：《留守儿童监护问题及对策》，《决策探索（下半月）》2007 年第 4 期。

[42] 杨通华、刘平、魏杰等：《不同留守类型儿童的心理健康状况调查》，《社会心理科学》2015 年第 7 期。

[43] 杨九芹、王锋：《信息技术环境下留守儿童教育问题调查及对策研究——基于湖北省红安县 Y 镇的农村学校》，《科教文汇（下旬刊）》2018 年第 6 期。

[44] 王素华、林琼芳：《留守儿童成长过程中乡村教师的作用与角色替代》，《教学与管理》2018 年第 18 期。

[45] 乔娜、张景焕、刘桂荣等：《家庭社会经济地位、父母参与对初中生学业成绩的影响：教师支持的调节作用》，《心理发展与教育》2013 年第 5 期。

[46] 彭泽远：《父母外出务工对留守子女学习成绩的影响研究》，中国人民大学硕士学位论文，2008 年。

[47] 马多秀、朱小蔓：《留守儿童心灵关怀研究：学校教育视角》，《中国教育学刊》2012 年第 7 期。

[48] 赵可云、赵雪梅、黄雪娇等：《影响农村留守儿童学习能力发展的学校因素研究——基于结构方程模型的实证分析》，《终身教育研究》2018 年第 5 期。

[49] 张银梦：《现阶段农村留守儿童教育存在的问题及对策》，《西部素质教育》

2018 年第 10 期。

[50] 修云辉：《农村留守儿童学校关爱现状与对策研究》，《学周刊》2018 年第 34 期。

[51] 杨传利、林丽珍：《西部农村小学生同伴群体构成研究——基于整体网络分析方法》，《广西师范学院学报（哲学社会科学版）》2018 年第 5 期。

[52] 林玲玉、王秋金、张婷等：《留守儿童是"问题儿童"吗？——基于多主体评价的研究》，《青少年学刊》2018 年第 2 期。

[53] 包福存、张小华、李忠信：《农村留守儿童的情感需求问题研究》，《社科纵横》2014 年第 12 期。

[54] 卓庆：《农村留守儿童孤独感研究综述》，《科教文汇（中旬刊）》2008 年第 2 期。

[55] 韩善文：《农村小学留守儿童同伴关系发展初探》，《科学大众（科学教育）》2017 年第 11 期。

[56] 肖丽华、李雅兴：《农村留守儿童思想政治教育初探》，《内蒙古农业大学学报（社会科学版）》2008 年第 2 期。

[57] 张学浪：《基于学校教育的农村留守儿童发展路径探索》，《农村经济》2015 年第 11 期。

[58] 熊勋奇：《农村小学应该重视校园文化建设》，国家教师科研专项基金科研成果 2018（二），国家假使科研基金管理办公室，2018 年。

[59] 刘卫红：《农村新建中学校园物质文化建设理论研究与实践探索》，首都师范大学硕士学位论文，2012 年。

[60] 李伟：《农村留守儿童道德学习研究》，长沙理工大学硕士学位论文，2010 年。

[61] 于长玉：《潍坊市留守儿童健康状况的实证研究》，山东农业大学硕士学位论文，2014 年。

[62] 郭永林：《"留守儿童"的心理健康状况及教育对策》，《新西部》2018 年第 29 期。

[63] 常家暹：《城镇化背景下对加强农村留守儿童心理健康教育的措施研究》，《智慧健康》2018 年第 13 期。

[64] 谭英俊、钟永芳：《公共治理视域下贫困地区农村留守儿童教育发展的对策——基于 F 县的实证调研》，《社科纵横》2015 年第 3 期。

[65] 周涛：《美国积极心理学的基本特征》，《湖南师范大学教育科学学报》2008 年第 6 期。

[66] [美] 克里斯托弗·彼得森：《打开积极心理学之门》，侯玉波等译，机械工业出版社 2016 年版，第 38 页。

[67] [美] 马丁·塞利格曼：《真实的幸福》，湛庐文化 Kindle 版本 2010 年版。

[68] 曹新美、刘翔平：《从习得无助、习得乐观到积极心理学——Seligman 对心理学发展的贡献》，《心理科学进展》2008 年第 4 期。

[69] 曹瑞、孙红梅：《PERMA——塞利格曼的幸福感理论新框架》，《天津市教科院学报》2014 年第 2 期。

[70] 孟娟：《"人本的积极心理学"与"实证的积极心理学"——人本主义心理学与积极心理学方法论比较研究》，《心理学探新》2015 年第 3 期。

[71] 李金珍、王文忠、施建农：《积极心理学：一种新的研究方向》，《心理科学进展》2003 年第 3 期。

[72] 任俊、叶浩生：《当代积极心理学运动存在的几个问题》，《心理科学进展》2006 年第 5 期。

[73] Alan Carr：《积极心理学：有关幸福和人类优势的科学》，中国轻工业出版社2013 年版。

[74] 王延松：《心理学视野中乐观主义研究的新进展》，《西北师大学报（社会科学版）》2010 年第 4 期。

[75] 廖传景：《留守儿童安全感研究》，西南大学博士学位论文，2015 年。

[76] 段文杰、卜禾：《积极心理干预是"新瓶装旧酒"吗》，《心理科学进展》2018 年第 10 期。

[77] 孟娟、彭运石：《积极心理学与人本主义心理学：爱恨情仇》，《教育研究与实验》2010 年第 3 期。

[78] 翟贤亮、葛鲁嘉：《积极心理学的建设性冲突与视域转换》，《心理科学进展》2017 年第 2 期。

[79] 孟娟、印宗祥：《积极心理学：批判与反思》，《心理学探新》2016 年第 2 期。

[80] 乔虹、黄俊：《留守儿童生命教育中积极心理品质的培养》，《现代教育论丛》2017 年第 3 期。

[81] 康钊、万龙：《积极心理健康教育：对留守儿童与流动儿童的心理关怀》，《绍兴文理学院学报（教育版）》2018 年第 1 期。

[82] 陈虹：《积极心理健康教育为幸福人生奠基——再访"积极心理健康教育"创始人孟万金教授》，《中小学心理健康教育》2010 年第 21 期。

[83] 孟万金、张冲、RichardWagner：《中国小学生积极心理品质测评量表研发报告》，《中国特殊教育》2014 年第 10 期。

[84] 官群、孟万金、JohnKeller：《中国中小学生积极心理品质量表编制报告》，《中国特殊教育》2009 年第 4 期。

[85] 叶澜：《让课堂焕发出生命活力——论中小学教学改革的深化》，《教育研究》1997 年第 9 期。

[86] 乔璐:《生命化是现代道德教育的必然选择》,《教学与管理》2017 年第 33 期。

[87] 马东东、韩春鸿:《农村留守儿童安全问题探究——以 S 县 F 村为例》,《劳动保障世界》2018 年第 26 期。

[88] 孙继刚:《农村初中生命教育开展的问题与对策研究》,《课程教育研究》2018 年第 3 期。

[89] 高淑玲、张伟伟:《农村留守儿童的生命教育探究》,《教育评论》2014 年第 7 期。

[90] 卢永兰、林铮铮、林燕:《主观幸福感对农村留守初中生学习倦怠的影响》,《牡丹江师范学院学报（哲学社会科学版）》2018 年第 2 期。

[91] 卢春丽:《农村留守中学生主观幸福感与学习倦怠关系研究》,《铜仁学院学报》2018 年第 7 期。

[92] 巫文辉、周丽英、蔡科等:《农村留守儿童健康问题现状研究》,《当代体育科技》2017 年第 9 期。

[93] 黄飞:《尊严:自尊、受尊重与尊重》,《心理科学进展》2010 年第 7 期。

[94] 廖传景、胡瑜、张进辅:《留守儿童安全感量表编制及常模建构》,《西南大学学报（社会科学版）》2015 年第 2 期。

[95] 徐俊华、韩芬、储小燕等:《留守儿童情感能力与自我接纳的关系》,《集美大学学报（教育科学版）》2017 年第 6 期。

[96] 张陆、佐斌:《自我实现的幸福——心理幸福感研究述评》,《心理科学进展》2007 年第 1 期。

[97] 张爱卿:《动机论:迈向 21 世纪的动机心理学研究》,华中师范大学出版社 2002 年版。

[98] 彭怡、陈红:《基于整合视角的幸福感内涵研析与重构》,《心理科学进展》2010 年第 7 期。

[99] 邹琼、佐斌、代涛涛:《工作幸福感:概念、测量水平与因果模型》,《心理科学进展》2015 年第 4 期。

[100] 姚若松、郭梦诗、叶浩生:《社会支持对老年人社会幸福感的影响机制:希望与孤独感的中介作用》,《心理学报》2018 年第 10 期。

[101] 徐晓波、孙超、汪凤炎:《精神幸福感:概念、测量、相关变量及干预》,《心理科学进展》2017 年第 2 期。

[102] 陈灿锐、高艳红、申荷永:《主观幸福感与大三人格特征相关研究的元分析》,《心理科学进展》2012 年版第 1 期。

[103] 喻承甫、张卫、李董平等:《感恩及其与幸福感的关系》,《心理科学进展》2010 年第 7 期。

[104] 曾红、郭斯萍:《"乐"——中国人的主观幸福感与传统文化中的幸福观》,《心理学报》2012 年第 7 期。

[105] 蔡华俭:《内隐自尊效应及内隐自尊与外显自尊的关系》,《心理学报》2003 年第 35 期。

[106] 金戈:《国内关于内隐自尊的研究述评》,《宁夏大学学报》2010 年第 32 期。

[107] 魏运华:《少年儿童的自尊发展与人格建构》,《社会心理科学》1998 年第 1 期。

[108] 魏运华:《自尊的概念、结构及其测评》,《社会心理研究》1997 年第 3 期。

[109] 白丽英、赵陵波、何少颖等:《大学生自尊和人格特征的影响因素分析.中国学校卫生》,《中国学校卫生》2007 年第 5 期。

[110] 王雅奇:《大学生自尊水平与人际信任的相关研究》,《社会心理科学》2010 年第 10 期。

[111] 胡春晓:《〈时代〉周刊封面的建构(2000—2009)》,山东大学博士学位论文,2011 年。

[112] 钟虹:《我国男性时尚杂志品牌传播研究》,南京师范大学硕士学位论文,2011 年。

[113] 张灵:《大学生自尊、人际关系与主观幸福感的关系研究》,华南师范大学硕士学位论文,2007 年。

[114] 卢雪:《〈人民画报〉(1978—2003)封面变迁及形成机制研究》,北京印刷学院硕士学位论文,2008 年。

[115] 黄英选:《大学生自恋人格对人际关系的影响:自尊和特质自我控制的中介作用》,陕西师范大学硕士学位论文,2018 年。

[116] 云言灵:《大学生自尊、自控力与人际交往能力的关系研究》,吉林大学硕士学位论文,2018 年。

[117] 宾洋:《大学新生自尊对孤独感的影响》,华中师范大学硕士学位论文,2018 年。

[118] 甄月桥、朱茹华:《我国大学生自尊研究的现状、特点及展望:1996—2017》,《宁波广播电视大学学报》2018 年第 3 期。

[119] 黄希庭、尹天子:《从自尊的文化差异说起》,《心理科学》2012 年第 1 期。

[120] 徐巍:《关于自尊理论存在的分歧与自尊结构模型不一致性的探讨》,吉林大学硕士学位论文,2007 年。

[121] 张林、李元元:《自尊社会计量器理论的研究述评》,《心理科学进展》2009 年第 4 期。

[122] 乔玉玲、吴任钢:《自尊的不同类型与心理健康》,《精神医学杂志》2016

年第 6 期。

[123] 陈海贤、陈洁:《贫困大学生希望特质、应对方式与情绪的结构方程模型研究》,《中国临床心理学杂志》2008 年第 4 期。

[124] 黄致达:《以希望感理论设计案例讨论进行大学生网路成瘾之研究——以东华大学为例》,台湾东华大学硕士学位论文,2007 年。

[125] 杨丽:《希望理论在精神分裂症病人中的应用研究》,《内科》2009 年第 3 期。

[126] 平安俊、刘冠民、彭凯平:《音乐对希望感的影响》,《心理学探新》2018 年第 3 期。

[127] 张淑华、王可心:《希望感与工作投入:来自经验取样法的证据》,《中国人力资源开发》2017 年第 11 期。

[128] 王馨蕊、邢艳艳、许燕:《希望的代际传递效应:教养方式的中介作用》,《心理学探新》2017 年第 2 期。

[129] 赵文力、谭新春:《神经质人格对农村留守儿童焦虑抑郁情绪的影响:希望的中介效应》,《湖南社会科学》2016 年第 6 期。

[130] 谢丹、赵竹青、段文杰等:《希望思维在临床与实践领域的应用、特点与启示》,《心理科学》2016 年第 3 期。

[131] 何安明、刘华山、惠秋平:《大学生感恩内隐效应的实验研究》,《心理发展与教育》2013 年第 1 期。

[132] 张利燕、侯小花:《感恩:概念、测量及其相关研究》,《心理科学》2010 年第 2 期。

[133] 申正付、杨秀木、赵东诚等:《大学生感恩品质量表的初步编制》,《中国临床心理学杂志》2011 年第 1 期。

[134] 蒲清平、徐爽:《感恩心理及行为的认知机制》,《学术论坛》2011 年第 6 期。

[135] 梁宏宇、陈石、熊红星等:《人际感恩:社会交往中重要的积极情绪》,《心理科学进展》2015 年第 3 期。

[136] 元江、陈燕飞:《感恩:积极心理教育新视角》,《中小学心理健康教育》2010 年第 9 期。

[137] 郑久波:《感戴理论模型及其应用研究的进展》,《文化教育》2011 年第 8 期。

[138] 何安明、刘华山、惠秋平:《感恩三维结构理论模型的建构》,《心理研究》2013 年第 3 期。

[139] 魏昶、吴慧婷、孔祥娜等:《感恩问卷 GQ—6 的修订及信效度检验》,《中国学校卫生》2011 年第 10 期。

[140] 张利燕、侯小花:《概念、测量及其相关研究》,《心理科学》2013 年第 2 期。

[141] 马云献、扈岩:《大学生感戴量表的初步编制》,《中国健康心理学杂志》

2004 年第 5 期。

[142] 申正付、杨秀木、赵东诚等：《大学生感恩品质量表的初步编制》，《中国临床心理学杂志》2011 年第 1 期。

[143] 何安明、刘华山、惠秋平：《基于特质感恩的青少年感恩量表的编制——以自陈式量表初步验证感恩三维结构理论》，《华东师范大学学报（教育科学版）》2012 年第 2 期。

[144] 蒲清平、高微、苏永玲等：《高校大学生感恩心理现状及培养对策——以重庆为例》，《中国青年研究》2011 年第 5 期。

[145] 惠秋平、何安明、李倩璞：《大学生感恩与抑郁症状的关系》，《中国心理卫生杂志》2018 年第 11 期。

[146] 林琳、刘羽、王晨旭等：《绝望与感恩在反刍思维与大学生自杀意念之间的作用：一个有调节的中介模型》，《心理与行为研究》2018 年第 4 期。

[147] 李静、李荣、张会敏等：《感恩干预对社区老年高血压病人自我管理水平的影响》，《护理研究》2017 年第 2 期。

[148] 张玉洁、赵俊峰、祝庆等：《受艾滋病影响儿童的自我和谐、感恩与人际信任》，《中国心理卫生杂志》2013 年第 12 期。

[149] 王新起、李秋环、张红静：《恶性血液病住院患者心理健康状态及与感恩、领悟社会支持的关系》，《山东大学学报（医学版）》2018 年第 9 期。

[150] 丁凤琴、赵虎英：《感恩的个体主观幸福感更强？——一项元分析》，《心理科学进展》2018 年第 10 期。

[151] 李兆良、周芳蕊：《大学生内隐感恩与外显感恩对主观幸福感的影响》，《中国临床心理学杂志》2018 年第 4 期。

[152] 喻承甫、张卫、李董平等：《感恩及其与幸福感的关系》，《心理科学进展》2018 年第 7 期。

[153] 魏昶、喻承甫、洪小祝等：《留守儿童感恩、焦虑抑郁与生活满意度的关系研究》，《中国儿童保健杂志》2015 年第 3 期。

[154] 杨强、叶宝娟：《感恩对青少年生活满意度的影响：领悟社会支持的中介作用及压力性生活事件的调节作用》，《心理科学》2014 年第 2 期。

[155] 赵科、尹可丽：《感恩对景颇族、汉族初中生幸福感的影响机制》，《民族教育研究》2018 年第 3 期。

[156] 安连超、张守臣、王宏等：《大学生宗教信仰、感恩、人际宽恕与亲社会行为的关系》，《中国临床心理学杂志》2018 年第 3 期。

[157] 何安明、惠秋平、刘华山：《大学生社会支持与孤独感的关系：感恩的中介作用》，《中国临床心理学杂志》2015 年第 1 期。

[158] 赵科、高长松、赖怡等：《中学生幸福感和社会支持在感恩与学业成就间的调节作用》，《中国学校卫生》2018 年第 3 期。

[159] 廉恒鼎：《农村寄宿制学校留守儿童的课余活动研究》，北京邮电大学硕士学位论文，2012 年。

[160] 曾宪瑛：《让寄宿生享受丰富多彩的课余生活　万安县积极组织寄宿制学生开展课余活动》，《江西教育》2006 年第 Z1 期。

[161] 王远伟：《农村寄宿制中小学的问题与思考——以内蒙古三个旗为例》，《新课程研究（教育管理）》2007 年第 3 期。

[162] 胡延鹏：《农村寄宿制小学情感关怀缺失问题研究》，东北师范大学硕士学位论文，2009 年。

[163] 胡传双、於荣：《安徽省农村寄宿制小学影响学生发展的问题与对策调查研究》，《长春大学学报》2009 年第 12 期。

[164] 中央教育科学研究所课题组：《贫困地区农村寄宿制学校学生课余生活管理研究——基于广西壮族自治区都安县、河北省丰宁县的调研》，《教育研究》2008 年第 4 期。

[165] 陆春萍：《失落的声音——夏河县游牧地区一所寄宿制藏族小学的女童生活》，西北师范大学硕士学位论文，2002 年。

[166] 全国妇联课题组：《全国农村留守儿童城乡流动儿童状况研究报告》，《中国妇运》2013 年第 6 期。

[167] 杜娟：《政府在完善留守儿童人身安全保护制度中的对策》，《中北大学学报（社会科学版）》2015 年第 5 期。

[168] 陶然、周敏慧：《父母外出务工与农村留守儿童学习成绩——基于安徽、江西两省调查实证分析的新发现与政策含义》，《管理世界》2012 年第 8 期。

[169] 孟万金：《论积极心理健康教育》，《教育研究》2008 年第 5 期。

[170] 康钊、万龙：《积极心理健康教育：对留守儿童与流动儿童的心理关怀》，《绍兴文理学院学报（教育版）》2018 年第 1 期。

[171] 熊亚：《公共政策视野下的农村留守儿童教育问题探讨》，《江西教育科研》2007 年第 1 期。

[172] 许传新：《"留守儿童"教育的社会支持因素分析》，《中国青年研究》2007 年第 9 期。

[173] 刘小先、周翠敏：《农村留守学生心理健康教育研究》，《教学与管理》2012 年第 36 期。

[174] 张陆、佐斌：《自我实现的幸福——心理幸福感研究述评》，《心理科学进展》2007 年第 1 期。

[175] 彭怡、陈红：《基于整合视角的幸福感内涵研析与重构》，《心理科学进展》2010 年第 7 期。

[176] 张爱卿：《动机论：迈向 21 世纪的动机心理学研究》，华中师范大学出版社 2002 年版。

[177] 邹琼、佐斌、代涛涛：《工作幸福感：概念、测量水平与因果模型》，《心理科学进展》2015 年第 4 期。

[178] 姚若松、郭梦诗、叶浩生：《社会支持对老年人社会幸福感的影响机制：希望与孤独感的中介作用》，《心理学报》2018 年第 10 期。

[179] 徐晓波、孙超、汪凤炎：《精神幸福：概念、测量、相关变量及干预》，《心理科学进展》2017 年第 2 期。

[180] 喻承甫、张卫、李董平等：《感恩及其与幸福感的关系》，《心理科学进展》2010 年第 7 期。

[181] 曾红、郭斯萍：《"乐"——中国人的主观幸福感与传统文化中的幸福观》，《心理学报》2012 年第 7 期。

[182] 王赵梦、闫顺杰：《主观幸福感理论综述》，《经济论坛》2017 年第 9 期。

[183] 段成荣、杨舸：《我国农村留守儿童状况研究》，《人口研究》2008 年第 3 期。

[184] 刘宾、欧阳文珍：《农村留守儿童主观幸福感现状调查报告》，《陇东学院学报》2010 年第 3 期。

[185] 袁书华、邢占军：《农村留守儿童社会福利与主观幸福感的关系研究》，《中国特殊教育》2017 年第 9 期。

[186] 阚洁琼、鞠嘉祎：《主观幸福感的影响因素及幸福值提升》，《社会心理科学》2012 年第 12 期。

[187] 韩志红、郭智慧：《隔代抚养对农村儿童孤独感和心理健康的影响》，《华南预防医学》2016 年第 2 期。

[188] 喻永婷、张富昌：《留守儿童的主观幸福感及影响因素的研究》，《中国健康心理学杂志》2010 年第 6 期。

[189] 张岩、周炎根、雷婷婷：《我国留守儿童主观幸福感研究述评》，《教育导刊》2014 年第 10 期。

[190] 刘筱、周春燕、黄海等：《不同类型留守儿童生活满意度及主观幸福感的差异比较》，《中国健康心理学杂志》2017 年第 12 期。

[191] 徐杏玉：《主观幸福感综述》，《现代经济信息》2017 年第 20 期。

[192] 陈亮、张丽锦、沈杰：《亲子关系对农村留守儿童主观幸福感的影响》，《中国特殊教育》2009 年第 3 期。

[193] 黄康、徐学华：《农村留守儿童主观幸福感的现状分析》，《文教资料》

2010 年第 10 期。

[194] 段成荣、吕利丹、郭静等：《我国农村留守儿童生存和发展基本状况——基于第六次人口普查数据的分析》，《人口学刊》2013 年第 3 期。

[195] 叶敬忠、王伊欢：《留守儿童的监护现状与特点》，《人口学刊》2006 年第 3 期。

[196] 田录梅、李双：《自尊概念辨析》，《心理学探新》2005 年第 2 期。

[197] 宋淑娟、张影：《班级人际环境对留守儿童自尊的影响》，《教育研究与实验》2009 年第 2 期。

[198] 孙钦铃：《自尊量表的修订》，暨南大学硕士学位论文，2007 年。

[199] 刘春梅、邹泓：《青少年的社会支持系统与自尊的关系》，《心理科学》2007 年第 3 期。

[200] 吴文春、陈洵、付瑞娟：《潮汕地区农村留守儿童自尊与社会支持的关系研究》，《韩山师范学院学报》2012 年第 4 期。

[201] 王莉、徐伟亚、王锋等：《农村留守儿童生活质量及与自尊和个性的关系》，《精神医学杂志》2011 年第 3 期。

[202] 魏运华：《自尊的结构模型及儿童自尊量表的编制》，《心理发展与教育》1997 年第 3 期。

[203] 赵文力、谭新春：《神经质人格对农村留守儿童焦虑抑郁情绪的影响：希望的中介效应》，《湖南社会科学》2016 年第 6 期。

[204] 刘翔平：《积极心理学》，中国人民大学出版社 2018 年版。

[205] 张剑锋：《抚养方式对儿童个性发展的影响》，《江苏社会科学》2008 年第 S1 期。

[206] 杨新华、朱翠英、杨青松等：《农村留守儿童希望感特点及其与心理行为问题的关系》，《中国临床心理学杂志》2013 年第 3 期。

[207] 凌宇、贺郁舒、黎志华等：《中国农村留守儿童群体的类别特征研究——基于希望感视角及湖南省 2013 份问卷数据》，《湖南农业大学学报（社会科学版）》2015 年第 3 期。

[208] 刘孟超、黄希庭：《希望：心理学的研究述评》，《心理科学发展》2013 年第 3 期。

[209] 赵必华：《儿童希望量表在中国儿童中的适应性检验》，载《增强心理学服务社会的意识和功能——中国心理学会成立 90 周年纪念大会暨第十四届全国心理学学术会议论文摘要集》，中国心理学会，2011 年。

[210] 王宁丹：《希望的认知理论模型研究》，《安阳师范学院学报》2013 年第 3 期。

[211] 赵必华、孙彦：《儿童希望量表中文版的信效度检验》，《中国心理卫生杂志》

2011 年第 6 期。

　　[212] 罗月英、王才康、闻明：《中职生希望感与心理健康的关系》，《中国临床心理学杂志》2016 年第 8 期。

　　[213] 吴霓、廉恒鼎：《农村寄宿制学校学生课余生活研究综述》，《河北师范大学学报（教育科学版）》2010 年第 12 期。

　　[214] 中央教育科学研究所课题组，袁振国、吴霓、魏向赤、李晓强、张宁娟：《贫困地区农村寄宿制学校学生课余生活管理研究——基于广西壮族自治区都安县、河北省丰宁县的调研》，《教育研究》2008 年第 4 期。

　　[215] 刘胜飞、张教武、曹淑碧：《农村寄宿制中学生的双休日闲暇教育问题及对策》，《教育科研》2010 年第 2 期。

　　[216] 童星：《留守儿童、流动儿童和一般儿童课外活动时间分配比较研究》，《基础教育》2016 年第 6 期。

　　[217] 李贵安、端木晓薇、康丽君：《陕西省农村寄宿制小学学生管理的现状分析与对策研究》，《陕西教育（高教版）》2011 年第 6 期。

　　[218] 叶敬忠、潘璐：《别样的童年——中国留守儿童》，《社会科学出版社》2008 年第 23 期。

　　[219] 任运昌：《空巢乡村的守望——西部留守儿童章教育问题的社会研究》，《中国科学社会出版社》2009 年第 12 期。

　　[220] 马立平：《农村寄宿制学校留守儿童生活素质教育现状及应对策略》，《生活教育》2015 年。

　　[221] 杨兆山、王守纪、张海波：《农村寄宿制学校学生的适应问题》，《东北师大学报（哲学社会科学版）》2011 年第 3 期。

　　[222] 朱霞桃：《农村寄宿制学校留守儿童情况的调查研究》，合肥工业大学硕士学位论文，2006 年。

　　[223] 秦玉友：《农村学校布局调整的认识、底线与思路》，《东北师大学报（哲学社会科学版）》2015 年第 5 期。

　　[224] 杨国才、朱金磊：《国内外留守儿童问题研究述评与展望》，《云南师范大学学报（哲学社会科学版）》，2013 年。

　　[225] 陈庆杰：《农村寄宿制学校留守儿童良好生活行为习惯培养初探》，《中国校外教育》2015 年第 13 期。

　　[226] 董世华：《农村寄宿制中小学发展的历史沿革与反思》，《当代教育论坛》2014 年第 1 期。

　　[227] 牛小东：《西部农村初中寄宿制学校留守儿童的现状分析及管理对策》，《科学咨询》2012 年。

[228] 谢丹:《农村中小学寄宿制学校学生管理问题及对策——以重庆市某县为例》,《吕梁教育学院学报》2015年第2期。

[229] 刘均禄:《农村留守儿童人身侵害的保护——从贵州毕节两儿童被杀说起》,《商丘职业技术学院学报》2016年第3期。

[230] 辜胜阻、易善策、李华:《城镇化进程中农村留守儿童问题及对策》,《教育研究》2011年第9期。

[231] 程明、戚中美:《农村留守儿童人身安全问题的原因分析——以T乡的调查为个案》,《现代交际》2015年第9期。

[232] 殷世东、朱明山:《农村留守儿童教育社会支持体系的构建——基于皖北农村留守儿童教育问题的调查与思考》,《中国教育学刊》2006年第2期。

[233] 段宝霞:《农村留守儿童教育和管理探析》,《河南师范大学学报(哲学社会科学版)》2006年第3期。

[234] 刘颖、刘春环:《留守儿童教育问题的政府作用研究》,《现代中小学教育》2014年第6期。

[235] 迟希新:《留守儿童道德成长问题的心理社会分析》,《教师教育研究》2005年第6期。

[236] 邵艳、张云英:《农村留守儿童心理问题及对策》,《湖南农业大学学报(社会科学版)》2007年第2期。

[237] 朱丽娜:《家长参与学校教育的主体性缺失问题探究》,《现代中小学教育》2016年第10期。

[238] 刘国永、盛天和、朱良俊:《让家访重新焕发教育的光芒——上海市青浦区教育局副局长朱良俊访谈录》,《思想理论教育》2007年第22期。

[239] 张礼、蔡岳建:《农村留守儿童家庭教育的问题与对策》,《学前教育研究》2008年第7期。

[240] 郭晓霞:《农村留守儿童家庭教育缺失的社会学思考》,《教育探索》2012年第2期。

[241] 张学浪:《新时期农村留守儿童家庭教育纽带构建:现实困境与破局之策》,《农村经济》2016年第6期。

[242] 郭方涛:《留守儿童家庭教育方式问题及转变》,《教育评论》2017年第10期。

[243] 孙刚成、闫世笙:《中国西部农村教育的问题与发展策略探讨》,《安徽农业科学》2007年第14期。

[244] 贾勇宏:《学校布局调整进程中的农村留守儿童学业公平问题研究——基于中部地区3省9县市的调查》,《江汉大学学报(社会科学版)》2012年第6期。

[245] 韩浩、傅胜、田京京:《西安郊县农村留守儿童学习成绩下滑的成因分析

及对策》,《教学与管理》2013 年第 27 期。

[246] 段成荣、吕利丹、王宗萍:《留守儿童的就学和学业成绩——基于教育机会和教育结果的双重视角》,《青年研究》2013 年第 3 期。

[247] 东梅:《农村留守儿童学习成绩对其父母回流决策的影响》,《人口与经济》2010 年第 1 期。

[248] 唐媛:《隔代抚养的留守儿童课后活动现状及对策》,《智库时代》2017 年第 11 期。

[249] 陈元龙:《隔代教育:农村留守儿童社会角色学习的障碍》,《当代教育论坛》2007 年第 4 期。

[250] 张显宏:《农村留守儿童教育状况的实证分析——基于学习成绩的视角》,《中国青年研究》2009 年第 9 期。

[251] 何安明、刘华山、惠秋平:《大学生感恩内隐效应的实验研究》,《心理发展与教育》2013 年第 1 期。

[252] 蒲清平、徐爽:《感恩心理及行为的认知机制》,《学术论坛》2011 年第 6 期。

[253] 惠秋平、何安明、李倩璞:《大学生感恩与抑郁症状的关系》,《中国心理卫生杂志》2018 年第 11 期。

[254] 林琳、刘羽、王晨旭等:《绝望与感恩在反刍思维与大学生自杀意念之间的作用:一个有调节的中介模型》,《心理与行为研究》2018 年第 4 期。

[255] National Crime Prevention (NCP), *A case for Commonwealthinvestmentinthe prevention of Chile Abuse and Neglect*, 1999.

[256] Jennifer Ehrle and Rob Geen, *Children Cared for by Relatives: What Services Do They Need? Jennifer Ehrle and Rob Geen*, The UrbanInst-itute 2100M Street, N.W.Washington, D.C.20037, 2002.

[257] SELIGMAN M., CSIKSZENTMIHALYI M, *Positive Psychology: An Introduction*, American Psychologist, 2000.

[258] Rosenberg M., *Self-esteem and the adolescent*, New England Quarterly, 1965.

[259] James, W., *The principles of psychology*, Dover Books on Philosophy & Psychology.

[260] James, W., *The principles of psychology*, *Cambridge*, MA: Harvard University Press, 1983.

[261] Astra, R. L. & Singg, S., *The role of selfesteem in affiliation*, Journal of Psychology, 2000.

[262] J.D.Brown., *Self-esteem and self-evaluation:Feeling is believing*, In Jerry Sults (Ed.): Psychologicalperspectives on the self, Hillsdale, NJ: Erlbaum, 1993.

［263］ S.Coopersmith, *The antecedents of self-esteem*, San Francisco:Freeman, 1967.

［264］ Romin W. Tafarodi &William B. Swann, Jr., *Self-liking and self-competence as dimensions of global self-esteem: initial validation of measure*, Journal of Personality Assessment, 1995.

［265］ Steffenhagen R A. , *Self-esteem Therapy*, AnImprint of Greenwood Publishing Group, 1990.

［266］ David R. Shaffer., *Social and PersonalityDevelopment*, COPYRIGHT by Wadsworth, adivi-sion of Thomson Learning, 2000.

［267］ Greenberger, E., Chen, C., Dmitrieva, J. & Farruggia, S. P., *Item-wording and the dimensionality of the rosenberg self-esteem scale: do they matter?*, Personality & Individual Differences, 2003.

［268］ Danique Smeijers, Janna N. Vrijsen, Iris van Oostrom, Linda Isaac, Anne Speckens, Eni S. Becker, Mike Rinck., *Implicit and explicit self-esteem in remitted depressed patients*, Journal of Behavior Therapy and Experimental Psychiatry, 2017.

［269］ Mowrer, O.H., *Learning theory and behavior*, NewYork: Wiley and Sons, 1960.

［270］ Snyder, C.R., Harris, C., Anderson, J.R., Holleran, S.A., Irving, L.M., Sig-mon, S.T., et.al., *Thewillandtheways: Development and validation of an individual differencesmeasure of hope*, Journal of Personality and Social Psychology, 1991.

［271］ Godfrey, J.J., *A philosophy of humanhope*, Dordrecht: Martinus Nijhoff, 1987.

［272］ M.H.Appley, P.Trumbull, Eds., *Dynamicsofstress: Physiological, psychological, andsocialperspectives*, 1986.

［273］ Averill, J.R., Catlin, G., Chon, K.K., *Rules of hope*, New York: Springer-Verlag, 1990.

［274］ Gottschalk, L., *A hope scale applicable to verbal samples*, Archives of General Psychiatry, 1974.

［275］ Miller, J.F., Powers, M.J., *Develpoment of measure of hope*, Nuring Research, 1988.

［276］ Snyder, C.R., Hoza, R., Pelham, W.E., Rapoff, M., Ware, L., etal, *The development and validation of the Children's Hope scale*, Journal of Pediatric Psychology, 1997.

［277］ Diener E., Eunkook S., Richard L. et al., *Subjective well-being: three decades of progress*, Psychological Bulletin, 1999.

［278］ Waterman A. S., *Two conceptions of happiness: contrasts of personal expressiveness (eudaimonia) and hedonic enjoyment*, Journal of Personality and Social

Psychology, 1993.

[279] Diener, Ed., *Subjective well-being,* Psychological Bulletin, 1984.

[280] *The Scientist's Pursuit of Happiness,* Wayback Machine, 2010.

[281] Radcliff , Benjamin, *The Political Economy of Human Happiness,* New York: Cambridge University Press, 2003.

[282] Edward Glaeser, *Coercive regulation and the balance of freedom Archived,* Wayback Machine, 2007.

[283] Khodarahimi, *The Role of Gender on Positive Psychology Constructs in a Sample of Iranian Adolescents and Young adults,* Applied Research in Quality of Life, 2013.

[284] Coatsworth J.D., Sharp E.H., *The best within us: Positive psychology perspectives on eudaimonia,* Washington, D.C.: American Psychological Association, 2013.

[285] Campos，B.，Shiota，M. N., Keltner, D., Gonza-ga, G. C. & Goetz, J. L, *What is shared, what is different Core relational themes and expressive displays of eight positive emo-tions,* Cognition and Emotion, 2013.

[286] Emmons, R. A.& Shelton, C. M., Gratitude and the Science of Positive Psychology, C. R. Snyder & Shane J. Lopez（edit），handbook of positive psychology, OXFORD UNIVERSITY PRESS，2002.

[287] Seligman, M., Peterson, C., Character Strengths and Virtues : A Handbook and Classification, Oxford university press, 2004, p.553.

[288] McCullough, M. E., Emmons, R. A., Kilpatrick, S. D., Larson, D. B., Is Gratitude a Moral Affect? Psychological Bulletin, Psychological Bulletin, 2001.

后　记

本书的内容为我近几年课题研究的成果，系"重庆市人文社科重点研究基地'重庆市统筹城乡教师教育研究中心'"专著资助项目《留守儿童积极行为的心理机制及教育价值研究》（JDZZ2017006）、重庆第二师范学院6—12岁儿童发展协同创新中心的研究成果。

本书的完成，首先要感谢课题组成员"只问耕耘、不问收获"的无私付出。本课题组成员包括：白纲、舒海洲、邓玉洁、费天翔、顾娜娜、宋柳君、胡亚男、冯露霜、何俊昌、李才琴、刘涛、李述霞、张丹、韩涛、姜岚、白文睿、廖毅。正是因为有了课题组每位成员对农村留守儿童的一片赤诚之情，本书才得以在艰苦环境下持续推进，并最终得以成书。

感谢重庆第二师范学院江净帆校长的热忱关怀，使我受益很深，在最困难的时候亦坚持到底，未曾放弃。感谢留守儿童研究领域的专家——重庆第二师范学院任运昌教授，给我提出了不少建议和思路，使我得以与书稿共同成长。感谢四川大学陈侠副教授，同我一起参与了大量的调研及数据分析活动。感谢西南师范大学出版社钟小族副编审，提供了很多宝贵的意见和建议。感谢重庆第二师范学院教师教育学院李学容院长，为本书的最终成书提供了莫大的帮助。

本书在成书过程中得到了重庆第二师范学院教师教育学院同事们的热

心帮助，张宸瑞、李彬彬、钟昱、龙承建、王永玲、杨桂云、李羿葳、房得阳、彭燕凌等老师对我提供了大力帮助和良多建议，在此表示最深切的谢意！

　　本书从 2017 年至今，历经 4 载，修订数版，终得面世。其工作量之大、耗费心血之巨，确属我始料未及的。衷心期待本书的面世，可以让更多农村留守儿童拥有一个更快乐的童年。

陈丽

2021 年 1 月于重庆北碚

责任编辑：武丛伟

封面设计：王欢欢

责任校对：余　佳

图书在版编目（CIP）数据

农村留守儿童积极心理品质及教育问题的探索性研究／陈丽　著 . —北京：
　人民出版社，2021.5
ISBN 978 - 7 - 01 - 023149 - 5

I. ①农…　II. ①陈…　III. ①农村 - 少年儿童 - 心理健康 - 健康教育 -
　研究 - 中国　IV. ① B844.1

中国版本图书馆 CIP 数据核字（2021）第 022457 号

农村留守儿童积极心理品质及教育问题的探索性研究

NONGCUN LIUSHOU ERTONG JIJI XINLI PINZHI JI JIAOYU WENTI DE TANSUOXING YANJIU

陈　丽　著

人民出版社 出版发行

（100706　北京市东城区隆福寺街 99 号）

中煤（北京）印务有限公司印刷　新华书店经销

2021 年 5 月第 1 版　2021 年 5 月北京第 1 次印刷
开本：710 毫米 × 1000 毫米 1/16　印张：14.25
字数：184 千字

ISBN 978 - 7 - 01 - 023149 - 5　定价：49.00 元

邮购地址 100706　北京市东城区隆福寺街 99 号
人民东方图书销售中心　电话（010）65250042　65289539